许东亮 蔡高玉 刚蕾 编

高等数学(II)

跟踪习题册

(下)

清华大学出版社
北京

内 容 简 介

本书是与石瑞民等编写的《高等数学》配套的教学用书. 体系和内容与教材一致，用于教学同步练习. 主要内容包括：向量代数与空间解析几何、多元函数微分学、重积分、曲线积分与曲面积分、无穷级数. 本书在选材上，力求具有代表性，既保证内容的覆盖面，又注意精选题目；同时重视基本概念，力求贴近实际应用.

本书可作为高等院校工科类各专业本科生学习高等数学课程的辅导用书，也可供从事高等数学教学的教师参考.

图书在版编目(CIP)数据

高等数学(Ⅱ)跟踪习题册. 下/许东亮, 蔡高玉, 刚蕾编. —北京：清华大学出版社，2015(2025.1 重印)
ISBN 978-7-302-38790-9

Ⅰ. ①高…　Ⅱ. ①许…　②蔡…　③刚…　Ⅲ. ①高等数学－高等学校－习题集　Ⅳ. ①O13-44

中国版本图书馆 CIP 数据核字(2014)第 291099 号

责任编辑： 佟丽霞
封面设计： 常雪影
责任校对： 王淑云
责任印制： 杨　艳

出版发行： 清华大学出版社
网　　址： https://www.tup.com.cn，https://www.wqxuetang.com
地　　址： 北京清华大学学研大厦 A 座　　**邮　　编：** 100084
社 总 机： 010-83470000　　**邮　　购：** 010-62786544
投稿与读者服务： 010-62776969, c-service@tup.tsinghua.edu.cn
质量反馈： 010-62772015, zhiliang@tup.tsinghua.edu.cn
印 装 者： 小森印刷霸州有限公司
经　　销： 全国新华书店
开　　本： 185mm×260mm　　**印　　张：** 7.25　　**字　　数：** 168 千字
版　　次： 2015 年 1 月第 1 版　　**印　　次：** 2025 年 1 月第14次印刷
定　　价： 22.00 元

产品编号：060595-03

前　言

高等数学是众多专业课程的基础课程. 在高等数学的教学中，切合学生实际的习题锻炼是巩固数学知识和掌握数学思想方法的必要环节.

本书是与《高等数学》(石瑞民，蔡剑主编，江苏教育出版社，2010 年) 配套的跟踪习题册，分为上、下两册. 本册为下册，内容包括向量代数与空间解析几何、多元函数微分学、重积分、曲线积分与曲面积分、无穷级数.

本书适合民办高校、独立学院及高等职业学校工科类各专业本科生使用. 编者在总结多年本科数学教学经验，探索独立学院本科数学教学发展动向，结合民办高校、独立学院及高等职业学校发展定位的基础上编写了本书. 此书也可供成教、电大相关专业选用.

本书的编写以高等数学的教学大纲为依据，紧扣教材内容和难度，力求理论联系实际，着重培养学生分析和解决问题的能力. 本书编排体现了数学教学规律：循序渐进、由浅入深. 本书包括基础和提高两部分，基础部分侧重对知识点的涵盖，对基础知识、基本技能的考查，对重点知识的强调；提高部分侧重题目新颖灵活，难度较高，并且具有一定综合性，提高部分的题目都标有*号. 每一章后配备一套总习题，旨在帮助学生进一步巩固掌握所学内容.

本书的形式为学生作业本，一方面比较规范，便于教师批改；另一方面可以使学生能保全系统的作业，便于查漏补缺和复习巩固.

本书由许东亮、蔡高玉和刚蕾共同编写. 许东亮负责第 10、11 章；蔡高玉负责第 8、12 章；刚蕾负责第 9 章. 最后由许东亮统稿.

由于编者水平有限，书中难免有不妥之处，恳请专家同仁不吝指教.

《高等数学(Ⅱ)跟踪习题册》编写组

2014 年 10 月

目 录

第 8 章　向量代数与空间解析几何

8.1　空间向量及其线性运算

1. 求点 (a,b,c) 关于(1)各坐标面；(2)各坐标轴；(3)坐标原点的对称点的坐标.

2. 求点 $M(4,-3,5)$ 到各坐标轴的距离.

3. 在 yOz 面上，求与三点 $A(3,1,2),B(4,-2,-2)$ 和 $C(0,5,1)$ 等距离的点.

4. 设 $u=a-b+2c$, $v=-a+3b-c$, 试用 a,b,c 表示 $2u-3v$.

5. 如果平面上一个四边形的对角线互相平分，试用向量证明它是平行四边形.

6. 已知两点 $M_1(4,\sqrt{2},1)$ 和 $M_2(3,0,2)$，计算向量 $\overrightarrow{M_1M_2}$ 的模，方向余弦和方向角.

7. 设向量的方向余弦分别满足 (1) $\cos\alpha=0$; (2) $\cos\beta=0$; (3) $\cos\alpha=\cos\beta=0$，这些向量与坐标轴或坐标面的关系如何？

8. 分别求出向量 $\boldsymbol{a}=\boldsymbol{i}+\boldsymbol{j}+\boldsymbol{k},\boldsymbol{b}=2\boldsymbol{i}-3\boldsymbol{j}+5\boldsymbol{k},\boldsymbol{c}=-2\boldsymbol{i}-3\boldsymbol{j}+2\boldsymbol{k}$ 的模，并分别用单位向量 $\boldsymbol{a}^0,\boldsymbol{b}^0,\boldsymbol{c}^0$ 表达向量 $\boldsymbol{a},\boldsymbol{b},\boldsymbol{c}$.

8.2　空间向量的数量积与向量积

1. 已知 $\boldsymbol{a}+3\boldsymbol{b}$ 垂直于 $7\boldsymbol{a}-5\boldsymbol{b}$， $\boldsymbol{a}-4\boldsymbol{b}$ 垂直于 $7\boldsymbol{a}-2\boldsymbol{b}$，求 $\boldsymbol{a},\boldsymbol{b}$ 的夹角.

2. 设 $\boldsymbol{m}=3\boldsymbol{i}+5\boldsymbol{j}+8\boldsymbol{k},\boldsymbol{n}=2\boldsymbol{i}-4\boldsymbol{j}-7\boldsymbol{k},\boldsymbol{p}=5\boldsymbol{i}+\boldsymbol{j}-4\boldsymbol{k}$，求向量 $\boldsymbol{a}=4\boldsymbol{m}+3\boldsymbol{n}-\boldsymbol{p}$ 在 x 轴上的投影及在 y 轴上的分向量.

3. 求平行于向量 $\boldsymbol{a}=(6,7,-6)$ 的单位向量.

4. 从点 $A(2,-1,7)$ 沿向量 $\boldsymbol{a}=8\boldsymbol{i}+9\boldsymbol{j}-12\boldsymbol{k}$ 的方向取 $|\overrightarrow{AB}|=34$，求点 B 的坐标.

5. 设向量$|\boldsymbol{a}+\boldsymbol{b}|=|\boldsymbol{a}-\boldsymbol{b}|,\boldsymbol{a}=(3,-5,8),\boldsymbol{b}=(-1,1,z)$，求$z$.

6. 设$\boldsymbol{a}=(2,-3,1)$, $\boldsymbol{b}=(1,-2,3)$, $\boldsymbol{c}=(2,1,2)$，向量$\boldsymbol{r}$满足$\boldsymbol{r}\perp\boldsymbol{a},\boldsymbol{r}\perp\boldsymbol{b},\mathrm{Prj}_{c}\boldsymbol{r}=14$，求$\boldsymbol{r}$.

7. 设$\boldsymbol{a},\boldsymbol{b},\boldsymbol{c}$为单位向量，且满足$\boldsymbol{a}+\boldsymbol{b}+\boldsymbol{c}=\boldsymbol{0}$，求$\boldsymbol{a}\cdot\boldsymbol{b}+\boldsymbol{b}\cdot\boldsymbol{c}+\boldsymbol{c}\cdot\boldsymbol{a}$.

8. 求向量$\boldsymbol{a}=(4,-3,4)$在向量$\boldsymbol{b}=(2,2,1)$上的投影.

9. 设 $\boldsymbol{a}=(3,5,-2)$, $\boldsymbol{b}=(2,1,4)$，问 λ 与 μ 有怎样的关系，能使得 $\lambda\boldsymbol{a}+\mu\boldsymbol{b}$ 与 z 轴垂直.

10. 已知 $\overrightarrow{OA}=\boldsymbol{i}+3\boldsymbol{k}$, $\overrightarrow{OB}=\boldsymbol{j}+3\boldsymbol{k}$，求 $\triangle OAB$ 的面积.

11. 试用向量证明不等式：$\sqrt{a_1^2+a_2^2+a_3^2}\sqrt{b_1^2+b_2^2+b_3^2}\geqslant|a_1b_1+a_2b_2+a_3b_3|$，其中 a_1,a_2,a_3,b_1,b_2,b_3 为任意实数，并指出等号成立的条件.

12. 求同时垂直于向量 $\boldsymbol{a}=(1,0,-1)$ 和 $\boldsymbol{b}=(1,1,0)$ 的单位向量.

8.3　空间平面及其方程

1. 求过点 $(3,0,-1)$ 且与 $3x-7y+5z-12=0$ 平行的平面方程.

2. 求过 $(1,1,-1)$, $(-2,-2,2)$ 和 $(1,-1,2)$ 三点的平面方程.

3. 一平面过点 $(1,0,-1)$ 且平行于向量 $\boldsymbol{a}=(2,1,1)$ 和 $\boldsymbol{b}=(1,-1,0)$，试求这平面方程.

4. 求三平面 $x+3y+z=1,2x-y-z=0,-x+2y+2z=3$ 的交点.

5. 求点 $(1,2,1)$ 到平面 $x+2y+2z-10=0$ 的距离.

6. 求过点 $(3,0,-1)$ 且与向量 $\boldsymbol{a}=(3,-7,5)$ 垂直的平面方程.

7. 求过点 $(1,-1,1)$ 且与平面 $\pi_1: x-y+z-1=0$ 及平面 $\pi_2: 2x+y+z+1=0$ 垂直的平面方程.

8. 求过 x 轴且与平面 $5x+4y-2z+3=0$ 垂直的平面方程.

9. 求过点 $(5,-7,4)$ 且在三坐标轴上的截距相等的平面方程.

10. 一平面通过 z 轴且与平面 $2x+y-\sqrt{5}z=0$ 的夹角为 $\frac{\pi}{3}$，求它的方程.

11. 求两平行平面 $\pi_1: x+y-z+1=0$ 及 $\pi_2: 2x+2y-2z-3=0$ 之间的距离.

8.4　空间直线及其方程

1. 求过点 $(4,-1,3)$ 且平行于直线 $\dfrac{x-3}{2}=\dfrac{y}{1}=\dfrac{z-1}{5}$ 的直线方程.

2. 用对称式方程及参数方程表示直线 $\begin{cases} x-y+z=1, \\ 2x+y+z=4. \end{cases}$

3. 求过点 $(2,0,-3)$ 且与直线 $\begin{cases} x-2y+4z-7=0, \\ 3x+5y-2z+1=0 \end{cases}$ 垂直的平面方程.

4. 求过点 $(0,2,4)$ 且与平面 $x+2z=1$ 及平面 $y-3z=2$ 平行的直线方程.

5. 求过点 $(3,1,-2)$ 且通过直线 $\dfrac{x-4}{5}=\dfrac{y+3}{2}=\dfrac{z}{1}$ 的平面方程.

6. 求直线 $\begin{cases} x+y+3z=0, \\ x-y-z=0 \end{cases}$ 与平面 $x-y-z+1=0$ 的夹角.

7. 试确定下列各组中的直线和平面间的关系：

(1) $\dfrac{x+3}{-2}=\dfrac{y+4}{-7}=\dfrac{z}{3}$ 和 $4x-2y-2z=3$；

(2) $\dfrac{x}{3}=\dfrac{y}{-2}=\dfrac{z}{7}$ 和 $3x-2y+7z=8$；

(3) $\dfrac{x-2}{3}=\dfrac{y+2}{1}=\dfrac{z-3}{-4}$ 和 $x+y+z=3$.

8. 求点 $(-1,2,0)$ 在平面 $x+2y-z=0$ 上的投影.

9. 求点 $P(3,-1,2)$ 到直线 $\begin{cases} x+y-z+1=0, \\ 2x-y+z-4=0 \end{cases}$ 的距离.

10. 设M_0是直线L外一点，M是直线L上任意一点，且直线的方向向量为$\boldsymbol{s}$，试证：点M_0到直线L的距离$d=\dfrac{|\overrightarrow{M_0M}\times\boldsymbol{s}|}{|\boldsymbol{s}|}$.

11. 求直线$\begin{cases}2x-4y+z=0,\\3x-y-2z-9=0\end{cases}$在平面$4x-y+z=1$上的投影直线的方程.

8.5　空间曲面与空间曲线

1. 一动点与两定点 $(2,3,1)$ 和 $(4,5,6)$ 等距离，求动点的轨迹方程.

2. 建立以点 $(1,3,-2)$ 为球心，且通过坐标原点的球面方程.

3. 将 xOz 坐标面上的抛物线 $z^2=5x$ 绕 x 轴旋转一周，求所生成的旋转曲面的方程.

4. 将 xOz 坐标面上的圆 $x^2+z^2=9$ 绕 z 轴旋转一周，求所生成的旋转曲面的方程.

5. 将 xOy 坐标面上的双曲线 $4x^2-9y^2=36$ 分别绕 x 轴及 y 轴旋转一周，求所生成的旋转曲面的方程.

6. 说明下列旋转曲面是怎样形成的：

(1) $\dfrac{x^2}{4}+\dfrac{y^2}{9}+\dfrac{z^2}{9}=1$;

(2) $x^2-\dfrac{y^2}{4}+z^2=1$;

(3) $x^2-y^2-z^2=1$;

(4) $x^2+y^2=(z-a)^2$.

7. 指出下列方程组在平面解析几何和空间解析几何中分别表示什么图形：

(1) $\begin{cases} y = 5x + 1, \\ y = 2x - 3; \end{cases}$

(2) $\begin{cases} \dfrac{x^2}{4} + \dfrac{y^2}{9} = 1, \\ y = 3. \end{cases}$

8. 分别求母线平行于 x 轴及 y 轴而且通过曲线 $\begin{cases} 2x^2 + y^2 + z^2 = 16, \\ 2x^2 - y^2 + z^2 = 0 \end{cases}$ 的柱面方程.

9. 求旋转抛物面 $z = x^2 + y^2 (0 \leqslant z \leqslant 4)$ 在各坐标面上的投影.

总 习 题 8

一、填空题

1. 过点 $(3,-2,2)$ 垂直于平面 $5x-2y+6z-7=0$ 和 $3x-y+2z+1=0$ 的平面方程为________.

2. 过点 $(-2,1,3)$ 且平行于向量 $\boldsymbol{a}=(2,-2,3)$ 和 $\boldsymbol{b}=(-1,3,-5)$ 的平面方程为________.

3. 若两向量$\boldsymbol{a}=(\lambda,-3,2)$和$\boldsymbol{b}=(1,2,-\lambda)$互相垂直,则$\lambda=$________.

4. 与三点$M_1(1,-1,2)$, $M_2(3,3,1)$, $M_3(3,1,3)$决定的平面垂直的单位向量 $\boldsymbol{a}^0=$________.

5. 向量$\boldsymbol{b}=(1,1,4)$在向量$\boldsymbol{a}=(2,-2,1)$上的投影等于________.

6. 过点$(2,0,-3)$且与平面$\begin{cases}x-2y+4z-7=0,\\3x+5y-2z+1=0\end{cases}$垂直的平面方程是________.

7. 过点 $(0,2,4)$ 且与平面 $x+2z=1$, $y-3z=2$ 都平行的直线是________.

8. 若直线$\begin{cases}2x+3y-z+D=0,\\2x-2y+2z-6=0\end{cases}$与 x 轴有交点, 则$D=$________.

二、选择题

1. 方程$\begin{cases}x^2+4y^2+9z^2=36,\\y=1\end{cases}$表示(　　).

(A) 椭球面

(B) $y=1$ 平面上的椭圆

(C) 椭圆柱面

(D) 椭圆柱面在 $y=1$ 上的投影曲线

2. 已知$|\boldsymbol{a}|=1, |\boldsymbol{b}|=\sqrt{2}$, 且$\boldsymbol{a}, \boldsymbol{b}$的夹角为$\dfrac{\pi}{4}$,则$|\boldsymbol{a}+\boldsymbol{b}|=$(　　).

(A) 1

(B) $1+\sqrt{2}$

(C) 2

(D) $\sqrt{5}$

3. 平面 $3x-3y-6=0$ 的位置是(　　).

(A) 平行 xOy 平面

(B) 平行 z 轴，但不通过 z 轴

(C) 垂直于 z 轴

(D) 通过 z 轴

4. 设向量 $\boldsymbol{a}, \boldsymbol{b}$ 互相平行，但方向相反，且 $|\boldsymbol{a}|>|\boldsymbol{b}|>0$，则有(　　).

(A) $|\boldsymbol{a}+\boldsymbol{b}|=|\boldsymbol{a}-\boldsymbol{b}|$

(B) $|\boldsymbol{a}+\boldsymbol{b}|>|\boldsymbol{a}-\boldsymbol{b}|$

(C) $|\boldsymbol{a}+\boldsymbol{b}|<|\boldsymbol{a}-\boldsymbol{b}|$

(D) $|\boldsymbol{a}+\boldsymbol{b}|=|\boldsymbol{a}|+|\boldsymbol{b}|$

5. 旋转曲面 $x^2 - y^2 - z^2 = 1$ 是(　　).

(A) xOy 平面的双曲线绕 x 轴旋转所得

(B) xOz 平面的双曲线绕 z 轴旋转所得

(C) xOy 平面的椭圆绕 x 轴旋转所得

(D) xOz 平面的双曲线绕 x 轴旋转所得

6. 设向量 $\boldsymbol{a} \neq \boldsymbol{0},\ \boldsymbol{b} \neq \boldsymbol{0}$，下列结论中正确的是(　　).

(A) $\boldsymbol{a} \times \boldsymbol{b} = \boldsymbol{0}$ 是 $\boldsymbol{a}$ 与 $\boldsymbol{b}$ 垂直的充要条件

(B) $\boldsymbol{a} \cdot \boldsymbol{b} = 0$ 是 $\boldsymbol{a}$ 与 $\boldsymbol{b}$ 平行的充要条件

(C) $\boldsymbol{a}$ 与 $\boldsymbol{b}$ 的对应分量成比例是 $\boldsymbol{a}$ 与 $\boldsymbol{b}$ 平行的充要条件

(D) 若 $\boldsymbol{a} = \lambda \boldsymbol{b}$ (λ 是常数)，则 $\boldsymbol{a} \cdot \boldsymbol{b} = 0$

7. 方程 $\begin{cases} \dfrac{x^2}{4} + \dfrac{y^2}{9} = 1, \\ y = 2 \end{cases}$ 在空间解析几何中表示(　　).

(A) 椭圆柱面　　(B) 椭圆曲线

(C) 两个平行平面　　(D) 两条平行直线

8. 方程 $y^2 + z^2 - 4x + 8 = 0$ 表示(　　).

(A) 单叶双曲面　　(B) 双叶双曲面

(C) 锥面　　(D) 旋转抛物面

三、计算题

1. 已知 $|\boldsymbol{a}| = \sqrt{3}, |\boldsymbol{b}| = 1$, 向量 $\boldsymbol{a}, \boldsymbol{b}$ 的夹角为 $\dfrac{\pi}{6}$，求向量 $\boldsymbol{a} + \boldsymbol{b}$ 与 $\boldsymbol{a} - \boldsymbol{b}$ 的夹角.

2. 设$\boldsymbol{a}=(2,-1,-2)$, $\boldsymbol{b}=(1,1,z)$，问z为何值时向量$\boldsymbol{a},\boldsymbol{b}$的夹角最小，并求出此最小值.

3. 已知$|\boldsymbol{a}|=4$, $|\boldsymbol{b}|=3$，向量$\boldsymbol{a},\boldsymbol{b}$的夹角为$\dfrac{\pi}{6}$，求以向量$\boldsymbol{a}+2\boldsymbol{b}$与$\boldsymbol{a}-3\boldsymbol{b}$为边的平行四边形的面积.

4. 求过点$A(3,0,0)$和$B(0,0,1)$且与xOy平面成$\dfrac{\pi}{3}$角的平面的方程.

5. 设一平面垂直于平面 $z=0$，并通过从点 $(1,-1,1)$ 到直线 $\begin{cases} y-z+1=0, \\ x=0 \end{cases}$ 的垂线，求此平面的方程.

6. 求过点 $(-1,0,4)$，且平行于平面 $3x-4y+z-10=0$，又与直线 $\dfrac{x+1}{1}=\dfrac{y-3}{1}=\dfrac{z}{2}$ 相交的直线方程.

7. 求曲线 $\begin{cases} z=2-x^2-y^2, \\ z=(x-1)^2+(y-1)^2 \end{cases}$ 在各坐标面上的投影方程.

8. 求直线$\begin{cases} x+y-z-1=0, \\ x-y+z+1=0 \end{cases}$在平面$x+y+z=0$上的投影方程.

四、证明题

1. 已知三个非零向量$\boldsymbol{a}, \boldsymbol{b}, \boldsymbol{c}$中任意两个向量都不平行，但$\boldsymbol{a}+\boldsymbol{b}$与$\boldsymbol{c}$平行，$\boldsymbol{b}+\boldsymbol{c}$与$\boldsymbol{a}$平行，试证$\boldsymbol{a}+\boldsymbol{b}+\boldsymbol{c}=\boldsymbol{0}$.

2. 设$\boldsymbol{a}=(-1,3,2), \boldsymbol{b}=(2,-3,-4), \boldsymbol{c}=(-3,12,6)$, 证明$\boldsymbol{a}, \boldsymbol{b}, \boldsymbol{c}$三向量共面，并用$\boldsymbol{a}, \boldsymbol{b}$表示$\boldsymbol{c}$.

第 9 章　多元函数微分学

9.1　多元函数的基本概念

1. 已知函数 $f(u,v,w)=u^w+w^{u+v}$，求 $f(x+y,x-y,xy)$.

2. 求下列函数的定义域：

(1) $z=\ln(y^2-2x+1)$；

(2) $z=\dfrac{1}{\sqrt{x+y}}+\dfrac{1}{\sqrt{x-y}}$.

3. 求下列二元函数的极限.

(1) $\lim\limits_{(x,y)\to(0,1)}\dfrac{1-xy}{x^2+y^2}$;

(2) $\lim\limits_{(x,y)\to(0,0)}\dfrac{xy}{\sqrt{xy+1}-1}$;

(3) $\lim\limits_{(x,y)\to(2,0)}\dfrac{\sin(xy)}{y}$;

(4) $\lim\limits_{(x,y)\to(0,0)}\dfrac{1-\cos(x^2+y^2)}{(x^2+y^2)\mathrm{e}^{x^2y^2}}$.

4. 函数 $z=\dfrac{y^2+2x}{y^2-2x}$ 在何处是间断的?

9.2　偏　导　数

1. 求下列函数的一阶偏导数：

(1) $z = x^3 y - y^3 x$；

(2) $z = \cos\left(xy^2\right)$；

(3) $z = \mathrm{e}^{\frac{x}{y}}$；

(4) $z = \ln xy$.

2. 设 $f(x, y) = x + (y-1)\arcsin\sqrt{\frac{x}{y}}$，求 $f_x(x,1)$.

3. 求下列函数的二阶偏导数：

(1) $z = x^4 + y^4 - 4x^2y^2$；

(2) $z = \arctan\dfrac{y}{x}$.

4. 设 $f(x,y,z) = xy^2 + yz^2 + zx^2$，求 $f_x(0,0,1)$， $f_{xz}(1,0,2)$， $f_{yx}(0,-1,0)$.

5. 验证 $y = \mathrm{e}^{-kn^2t}\sin nx$ 满足 $\dfrac{\partial y}{\partial t} = k\dfrac{\partial^2 y}{\partial x^2}$.

9.3　全　微　分

1. 求下列函数的全微分：

(1) $z = xy + \dfrac{x}{y}$；

(2) $u = x^{yz}$.

2. 求函数 $z = \ln(1 + x^2 + y^2)$ 当 $x = 1, y = 2$ 时的全微分 $\mathrm{d}z$.

3. 求函数 $z = \dfrac{y}{x}$ 当 $x = 1, y = 1$， $\Delta x = 0.1$， $\Delta y = -0.2$ 时的全增量 Δz 和全微分 $\mathrm{d}z$.

9.4　多元复合函数的求导法则

1. 设 $z=u^2+v^2$，而 $u=x+y$，$v=x-y$，求 $\frac{\partial z}{\partial x}$，$\frac{\partial z}{\partial y}$.

2. 设 $z=u^2\ln v$，而 $u=\frac{x}{y}$，$v=3x-2y$，求 $\frac{\partial z}{\partial x}$，$\frac{\partial z}{\partial y}$.

3. 求下列函数的一阶偏导数（其中 f 具有一阶连续偏导数）：

(1) $u=f(x^2-y^2,\mathrm{e}^{xy})$；

(2) $u = f\left(\dfrac{x}{y}, \dfrac{y}{z}\right)$.

4. 求下列函数的$\dfrac{\partial^2 z}{\partial x^2}, \dfrac{\partial^2 z}{\partial x \partial y}, \dfrac{\partial^2 z}{\partial y^2}$(其中 f 有二阶连续偏导数):

(1) $z = f(xy, y)$；

(2) $z = f\left(x, \dfrac{x}{y}\right)$.

9.5 隐函数的求导公式

1. 设 $\sin y + \mathrm{e}^x - xy^2 = 0$，求 $\dfrac{\mathrm{d}y}{\mathrm{d}x}$.

2. 设 $\mathrm{e}^z - xyz = 1$，求 $\dfrac{\partial z}{\partial x}$.

3. 设 $\dfrac{x}{z} = \ln\dfrac{z}{y}$，求 $\dfrac{\partial z}{\partial x}, \dfrac{\partial z}{\partial y}$.

4. 设 $z^3 - 3xyz = a^3$，求 $\dfrac{\partial^2 z}{\partial x \partial y}$.

9.6　多元函数微分学的几何应用

1. 求曲线 $x=\dfrac{t}{1+t}, y=\dfrac{1+t}{t}, z=t^2$ 在对应于 $t=1$ 的点处的切线及法平面方程.

2. 求曲线 $\begin{cases} x^2+y^2+z^2-3x=0, \\ 2x-3y+5z-4=0 \end{cases}$ 在点 $(1,1,1)$ 处的切线及法平面方程.

3. 求球面 $x^2+y^2+z^2=14$ 在点 $(1,2,3)$ 处的切平面方程.

4. 求曲面 $e^z - z + xy = 3$ 在点 $(2,1,0)$ 处的切平面及法线方程.

5. 求椭球面 $x^2 + 2y^2 + z^2 = 1$ 上平行于平面 $x - y + 2z = 0$ 的切平面的方程.

9.7　方向导数与梯度

1. 求函数 $u = xyz$ 在点 $(5,1,2)$ 处沿从点 $(5,1,2)$ 到点 $(9,4,14)$ 的方向导数.

2. 求函数 $u = x^2 + y^2 + z^2$ 在曲线 $x = t, y = t^2, z = t^3$ 上点 $(1,1,1)$ 处，沿曲线在该点的切线正方向 (对应于 t 增大的方向) 的方向导数.

3. 设 $f(x,y,z) = x^2 + 2y^2 + 3z^2 + xy + 3x - 2y - 6z$ ，求 $\mathrm{grad}\, f(0,0,0)$ 及 $\mathrm{grad}\, f(1,1,1)$.

9.8　多元函数的极值及求法

1. 求函数 $f(x,y)=4(x-y)-x^2-y^2$ 的极值.

2. 求函数 $f(x,y)=\mathrm{e}^{2x}(x+y^2+2y)$ 的极值.

3. 将周长为 $2p$ 的矩形绕它的一边旋转构成一个圆柱体，问矩形的边长各为多少时，才可使圆柱体的体积最大？

总 习 题 9

1. 求下列函数的一阶偏导数：

(1) $z=\sqrt{\ln(xy)}$；　　　　(2) $s=\dfrac{u^2+v^2}{uv}$.

2. 设函数 $z=\ln(1+x^2+y^2)$,求 $\dfrac{\partial z}{\partial x}$， $\dfrac{\partial z}{\partial y}$.

3. 设 $\ln\sqrt{x^2+y^2}=\arctan\dfrac{y}{x}$，求 $\dfrac{\mathrm{d}y}{\mathrm{d}x}$.

4. 设 $z=\dfrac{y}{f(x^2-y^2)}$，其中 f 为可导函数，验证：$\dfrac{1}{x}\dfrac{\partial z}{\partial x}+\dfrac{1}{y}\dfrac{\partial z}{\partial y}=\dfrac{z}{y^2}$.

5. 设 $z = f\left(x - y, xy^2\right)$ 且 f 具有二阶连续偏导数，求 $\dfrac{\partial^2 z}{\partial x^2}$.

6. 求曲线 $x = t - \sin t, y = 1 - \cos t, z = 4\sin\dfrac{t}{2}$ 在点 $\left(\dfrac{\pi}{2} - 1, 1, 2\sqrt{2}\right)$ 处的切线及法平面方程.

7. 求内接于半径为 a 的球且有最大体积的长方体.

第 10 章　重　积　分

10.1　二重积分的计算

1. 计算 $\iint\limits_D (x^2+y^2)\mathrm{d}\sigma$，其中 D 是由直线 $y=2, y=x$ 及 $y=2x$ 所围成的闭区域.

2. 计算 $\iint\limits_D xy\mathrm{d}x\mathrm{d}y$，其中 D 是由抛物线 $y^2=x$ 和直线 $y=x-2$ 所围成的闭区域.

3. $\iint\limits_D xy\mathrm{e}^{x^2+y^2}\mathrm{d}\sigma$，其中 $D=\{(x,y)|a\leqslant x\leqslant b, c\leqslant y\leqslant d\}$.

4. $\iint\limits_D x\cos(x+y)\mathrm{d}\sigma$，其中 D 是顶点分别为 $(0,0),(\pi,0),(\pi,\pi)$ 的三角形闭区域.

5. 计算 $\iint\limits_D (1+x)\sin y\mathrm{d}\sigma$，其中 D 是顶点分别为 $(0,0),(1,0),(1,2)$ 和 $(0,1)$ 的梯形闭区域.

6. $\iint\limits_D \frac{1}{\sqrt{x^2+y^2}}\mathrm{d}x\mathrm{d}y$，其中 D 是由曲线 $y=x^2$ 与直线 $y=x$ 所围成的闭区域.

7. $\iint\limits_D \sqrt{|y-x^2|}\,\mathrm{d}x\mathrm{d}y$，其中 $D: -1 \leqslant x \leqslant 1, 0 \leqslant y \leqslant 2$.

8. 计算 $\iint\limits_D \ln(1+x^2+y^2)\mathrm{d}\sigma$，其中 D 是由圆周 $x^2+y^2=1$ 及坐标轴所围成的在第一象限内的闭区域.

9. $\iint\limits_D |x^2+y^2-2|\mathrm{d}\sigma$，其中 $D: x^2+y^2 \leqslant 3$.

10. 交换下列二次积分的积分次序：

(1) $\int_0^1 dx \int_0^{x^2} f(x,y)dy$；

(2) $\int_0^4 dy \int_{-\sqrt{4-y}}^{\frac{1}{2}(y-4)} f(x,y)dx$；

(3) $\int_1^2 dx \int_{2-x}^{\sqrt{2x-x^2}} f(x,y)dy$；

(4) $\int_0^1 dy \int_{\sqrt{y}}^1 e^{\frac{y}{x}} dx$.

11. 化下列二次积分为极坐标系下的二次积分：

(1) $\int_0^{2a} \mathrm{d}x \int_0^{\sqrt{2ax-x^2}} f(x^2+y^2)\mathrm{d}y \quad (a>0)$；

(2) $\int_0^{2} \mathrm{d}x \int_x^{\sqrt{3}x} f\left(\arctan \dfrac{y}{x}\right)\mathrm{d}y$；

(3) $\iint\limits_D \sqrt{R^2-x^2-y^2}\,\mathrm{d}\sigma$，其中 D 是由圆周 $x^2+y^2=Rx$ 所围成的闭区域.

12. 用二重积分求下列问题：

(1) 求由曲线 $y=x^2, y=x+2$ 所围的平面图形的面积；

(2) 求由曲面 $z = x^2 + 2y^2$ 及 $z = 6 - 2x^2 - y^2$ 所围成的立体的体积.

13. 设 $f(x,y) = \begin{cases} x^2 y, & \text{当} 1 \leqslant x \leqslant 2, 0 \leqslant y \leqslant x, \\ 0, & \text{其他}, \end{cases}$ 求二重积分 $\iint\limits_D f(x,y)\mathrm{d}x\mathrm{d}y$，其中 $D = \{(x,y) \mid x^2 + y^2 \geqslant 2x\}$.

14. 计算二重积分 $\iint\limits_D \dfrac{\sqrt{x^2+y^2}}{\sqrt{4a^2 - x^2 - y^2}}\mathrm{d}\sigma$，其中 D 是由曲线 $y = -a + \sqrt{a^2 - x^2}\ (a > 0)$ 和直线 $y = -x$ 所围成的区域.

15. 设 $f(x,y)$ 为连续函数，且 $f(x,y)=f(y,x)$，求证：$\int_0^1 \mathrm{d}x\int_0^x f(x,y)\mathrm{d}y =$

$\int_0^1 \mathrm{d}x\int_0^x f(1-x,1-y)\mathrm{d}y$.

16. 设 $f(x)$ 在 $[0,a]$ 上连续，证明：$\iint\limits_D f(x+y)\mathrm{d}x\mathrm{d}y = \int_0^a xf(x)\mathrm{d}x$，其中，$D=\{(x,y)\,|\,x\geqslant 0,$

$y\geqslant 0, x+y\leqslant a\}$.

10.2　三重积分的计算

1. 计算三重积分 $\iiint\limits_{\Omega} xy^2z^4\mathrm{d}x\mathrm{d}y\mathrm{d}z$，其中 $\Omega=\{(x,y,z)\,|\,0\leqslant x\leqslant 1, 0\leqslant y\leqslant 2, 1\leqslant z\leqslant 3\}$.

2. 计算三重积分 $\iiint\limits_{\Omega} xyz\mathrm{d}x\mathrm{d}y\mathrm{d}z$，其中 Ω 是由 $x+y+z=1$ 与三个坐标面所围成的闭区域.

3. 计算三重积分 $\iiint\limits_{\Omega} z^3\mathrm{d}x\mathrm{d}y\mathrm{d}z$，其中 Ω：$x^2+y^2+z^2\leqslant 1, z\geqslant\sqrt{x^2+y^2}$.

4. 计算三重积分 $\iiint\limits_{\Omega} z\mathrm{d}x\mathrm{d}y\mathrm{d}z$，其中 Ω 是由 $z=\sqrt{4-x^2-y^2}$ 与 $x^2+y^2=3z$ 所围成的区域.

5. 求 $\iiint\limits_{\Omega}\left(x^2+y^2+z^2\right)\mathrm{d}x\mathrm{d}y\mathrm{d}z$，其中 Ω 是由 $x^2+y^2=1$ 和 $z=0, z=1$ 所围成的区域.

6. 求半径为 R 的球的体积.

*7. 求$\iiint\limits_{\Omega}\left(x^2+y^2+z^2\right)\mathrm{d}V$，$\Omega$：$x^2+y^2+z^2\leqslant 1$.

*8. 求$\iiint\limits_{\Omega}z\mathrm{d}V$，$\Omega$是由$x^2+y^2+(z-a)^2\leqslant a^2$，$x^2+y^2\leqslant z^2$确定的区域.

9. 计算三重积分$\iiint\limits_{\Omega}\dfrac{2z}{\sqrt{x^2+y^2}}\mathrm{d}V$，其中$\Omega$：$x^2+y^2+z^2\leqslant 1, z\geqslant 2\sqrt{x^2+y^2}-1$.

10.3　重积分的应用

1. 求锥面 $z=\sqrt{x^2+y^2}$ 被柱面 $z^2=2x$ 所割下部分的面积.

2. 求由 $z=\sqrt{x^2+y^2}$，$z=x^2+y^2$ 所围成的立体体积.

3. 求由曲面 $z=x^2+2y^2$ 及 $z=6-2x^2-y^2$ 所围成的立体体积.

4. 平面薄片由$x^2+y^2\geqslant ax$, $x^2+y^2\leqslant a^2$确定，其上任一点处的面密度与离原点的距离成正比，求此薄片的重心.

5. 一物体占有区域$\Omega:0\leqslant z\leqslant\sqrt{1-x^2-y^2}$，且$\rho(x,y,z)=x^2+y^2$，求其质量.

6. 求半径为a、高为h的均匀圆柱体对于过中心且平行于母线的轴的转动惯量 (设密度$\rho=1$).

*7. 球体 $x^2+y^2+z^2 \leqslant 2Rz$ 内，各点处密度等于该点到原点距离的平方，求此球体的重心.

8. 设平面薄片所占区域的边界曲线为 $y=x^2$，$y=4$，其面密度 $\rho=x+4$. 求：(1) 薄片的重心坐标；(2) 薄片对 x 轴及 y 轴的转动惯量.

总 习 题 10

1. 利用二重积分的几何意义，计算下列二重积分：

(1) $\iint\limits_D 2\mathrm{d}\sigma$，其中积分区域 $D=\left\{(x,y)\big|x+y\leqslant 1, y-x\leqslant 1, y\geqslant 0\right\}$；

(2) $\iint\limits_D \mathrm{d}\sigma$，其中积分区域 $D=\left\{(x,y)\left|\dfrac{x^2}{a^2}+\dfrac{y^2}{b^2}\leqslant 1\right.\right\}$.

2. 计算二重积分 $\iint\limits_D\left(1-\dfrac{x}{3}-\dfrac{y}{4}\right)\mathrm{d}x\mathrm{d}y$，其中 $D=\left\{(x,y)\big|-2\leqslant y\leqslant 2, -1\leqslant x\leqslant 1\right\}$.

3. 计算 $\iint\limits_D xy\mathrm{d}x\mathrm{d}y$，其中 D 是由抛物线 $y^2=x$ 和直线 $y=x-2$ 所围成的闭区域.

4. 计算 $\iint\limits_D \frac{\sin y}{y}\mathrm{d}x\mathrm{d}y$，其中 D 是由直线 $y=x$ 和曲线 $y=\sqrt{x}$ 所围成的闭区域.

5. 设 $f(x,y)$ 连续，改变下列累次积分的积分次序：

(1) $I=\int_0^1\mathrm{d}x\int_x^{\sqrt{2x-x^2}}f(x,y)\mathrm{d}y$；

(2) $I=\int_0^1\mathrm{d}x\int_0^{3\sqrt{x}}f(x,y)\mathrm{d}y+\int_1^{\sqrt{10}}\mathrm{d}x\int_0^{\sqrt{10-x^2}}f(x,y)\mathrm{d}y$.

6. 计算$\iint\limits_D(|x|+|y|)\mathrm{d}x\mathrm{d}y$，其中$D=\{(x,y)\,\big|\,|x|+|y|\leqslant 1\}$.

7. 用极坐标计算$\iint\limits_D\sqrt{1-x^2-y^2}\mathrm{d}x\mathrm{d}y$，其中$D=\left\{(x,y)\,\middle|\,x^2+\left(y-\dfrac{1}{2}\right)^2\leqslant\dfrac{1}{4}\right\}$.

8. 用极坐标计算$\iint\limits_D\arctan\dfrac{y}{x}\mathrm{d}x\mathrm{d}y$，其中$D$是由圆周$x^2+y^2=4$，$x^2+y^2=1$及直线$y=0$，$y=x$所围成的在第一象限内的闭区域.

9. 化直角坐标系下累次积分 $\int_0^1 \mathrm{d}x \int_0^{1-x} f(x,y)\mathrm{d}y$ 为极坐标系下的累次积分.

10. 计算 $\iiint\limits_{\Omega}(x+y+z)\mathrm{d}x\mathrm{d}y\mathrm{d}z$，其中 $\Omega=\{(x,y,z)|1\leqslant x\leqslant 2,-2\leqslant y\leqslant 1,0\leqslant z\leqslant 1\}$.

11. 计算 $\iiint\limits_{\Omega} z\mathrm{d}x\mathrm{d}y\mathrm{d}z$，其中 Ω 是由曲面 $z=\sqrt{2-x^2-y^2}$ 及 $z=x^2+y^2$ 所围成的区域.

12. 用柱面坐标法计算 $\iiint\limits_{\Omega}\left(z-\sqrt{x^2+y^2}\right)\mathrm{d}x\mathrm{d}y\mathrm{d}z$，其中 Ω 是由圆柱面 $x^2+y^2=1$，平面 $z=0$ 和 $z=2$ 围成的圆柱体.

13. 计算由旋转抛物面 $z=2-x^2-y^2$ 与平面 $z=0$ 所围成的立体体积.

14. 计算球面 $x^2+y^2+z^2=R^2$ 的表面积.

15. 求由直线 $2x+y=6$ 与两坐标轴所围三角形均匀薄板的形心.

第 11 章　曲线积分与曲面积分

11.1　对弧长的曲线积分

1. 计算$\oint_L (x^2+y^2)\mathrm{d}s$，其中$L$是以$O(0,0),A(1,0),B(0,1)$为顶点的三角形边界.

2. $\oint_L (x^2+y^2)^n \mathrm{d}s$，其中$L$为圆周$x=a\cos t, y=a\sin t(0\leqslant t\leqslant 2\pi)$.

3. $\oint_L \sqrt{x^2+y^2}\mathrm{d}s$，其中$L$为圆周$x^2+y^2=4x$.

4. $\oint_L x\mathrm{d}s$，其中 L 为直线 $y=x$ 及抛物线 $y=x^2$ 所围成的区域的整个边界.

5. $\int_L \frac{1}{x^2+y^2+z^2}\mathrm{d}s$，其中 L 为曲线 $x=\mathrm{e}^t\cos t, y=\mathrm{e}^t\sin t, z=\mathrm{e}^t$ 上相应于 t 从 0 到 2 的这段弧.

6. $\int_L x^2y\mathrm{d}s$，其中 L 为折线 $ABCD$，这里 A,B,C,D 依次为 $(0,0,0),(0,0,2),(1,0,2),(1,3,2)$.

11.2　对面积的曲面积分

1. 计算$\iint\limits_{\Sigma}\left(2x+\frac{4}{3}y+z\right)\mathrm{d}s$，其中$\Sigma$为平面$\frac{x}{2}+\frac{y}{3}+\frac{z}{4}=1$在第一卦限的部分.

2. 计算$\iint\limits_{\Sigma}\left(x^2+y^2\right)\mathrm{d}s$，其中$\Sigma$是锥面$z=\sqrt{x^2+y^2}$及平面$z=1$所围成的区域的整个边界曲面.

3. 计算$\iint\limits_{\Sigma}\left(x+y+z\right)\mathrm{d}s$，其中$\Sigma$是球面$x^2+y^2+z^2=a^2$上$z\geqslant h\left(0<h<a\right)$的部分.

4. 计算曲面积分 $\oiint\limits_{\Sigma} xyz\mathrm{d}s$，其中 Σ 是由平面 $x=0, y=0, z=0$ 及 $x+y+z=1$ 所围四面体的整个边界曲面.

5. 计算 $\iint\limits_{\Sigma}(xy+yz+zx)\mathrm{d}S$，其中 Σ 是锥面 $z=\sqrt{x^2+y^2}$ 被柱面 $x^2+y^2=2ax$ 所截得的有限部分.

11.3　对坐标的曲线积分

1. 计算$\int_L (x^2 - y^2)\mathrm{d}x$，其中$L$是在抛物线$y = x^2$上从点$(0,0)$到点$(2,4)$的一段弧.

2. $\oint_L xy\mathrm{d}x$，其中L为圆周$(x-a)^2 + y^2 = a^2\ (a>0)$及$x$轴所围成的在第一象限内的区域的整个边界.

3. 计算$\int_L x\mathrm{d}x + y\mathrm{d}y + (x+y-1)\mathrm{d}z$，其中$L$是从点$(1,1,1)$到点$(2,3,4)$的一段直线.

4. 计算$\int_L (x+y)\mathrm{d}x+(x-y)\mathrm{d}y$，$L$为逆时针方向绕椭圆：$\dfrac{x^2}{a^2}+\dfrac{y^2}{b^2}=1$一周的路径.

5. 计算$\oint_L \dfrac{(x+y)\mathrm{d}x-(x-y)\mathrm{d}y}{x^2+y^2}$，其中$L$为圆周$x^2+y^2=a^2$(按逆时针方向绕行).

11.4　格林公式及应用

1. 计算$\oint_L x\mathrm{e}^{-y^2}\mathrm{d}y$，其中$L$是以$O(0,0),A(1,1),B(0,1)$为顶点的三角形边界，方向为逆时针方向.

2. 计算$I=\int_L\left(\mathrm{e}^x\sin y+y+1\right)\mathrm{d}x+\left(\mathrm{e}^x\cos y-x\right)\mathrm{d}y$，其中$L$是从$A$到$B$的下半圆周$AB$，圆的直径两端点$A,B$的坐标分别为$(1,0),(7,0)$.

3. 计算$\int_L\left(x^2-y\right)\mathrm{d}x-\left(x+\sin^2 y\right)\mathrm{d}y$，其中$L$是在圆周$y=\sqrt{2x-x^2}$上由点$(0,0)$到点$(1,1)$的一段弧.

4. $\int_L \left(2xy^3 - y^2\cos x\right)\mathrm{d}x + \left(1 - 2y\sin x + 3x^2y^2\right)\mathrm{d}y$，其中 L 为在抛物线 $2x = \pi y^2$ 上由点 $(0,0)$ 到 $\left(\frac{\pi}{2},1\right)$ 的一段弧.

5. 利用曲线积分计算星形线：$x = a\cos^3 t, y = a\sin^3 t$ 所围成的图形面积.

6. 证明下列曲线积分在整个 xOy 面内与路径无关，并计算积分值.

(1) $\int_{(1,1)}^{(2,3)}(x+y)\mathrm{d}x + (x-y)\mathrm{d}y$；

(2) $\int_{(1,2)}^{(3,4)}\left(6xy^2-y^3\right)\mathrm{d}x+\left(6x^2y-3xy^2\right)\mathrm{d}y$；

(3) $\int_{(1,0)}^{(2,1)}\left(2xy-y^4+3\right)\mathrm{d}x+\left(x^2-4xy^3\right)\mathrm{d}y$.

7. 验证 $P(x,y)\mathrm{d}x+Q(x,y)\mathrm{d}y$ 在整个 xOy 平面内是某一个函数 $u(x,y)$ 的全微分，并求这样的一个 $u(x,y)$.

(1) $\left(x^2+2xy-y^2\right)\mathrm{d}x+\left(x^2-2xy-y^2\right)\mathrm{d}y$；

(2) $\left(2x\cos y-y^2\sin x\right)\mathrm{d}x+\left(2y\cos x-x^2\sin y\right)\mathrm{d}y$；

(3) $4\sin x\sin 3y\cos x\mathrm{d}x-3\cos 3y\cos 2x\mathrm{d}y$.

8. 设曲线积分 $\int_L xy^2\mathrm{d}x+y\varphi(x)\mathrm{d}y$ 与路径无关，其中 $\varphi(x)$ 具有连续的导数，且 $\varphi(0)=0$ ，计算 $\int_{(0,0)}^{(1,1)}xy^2\mathrm{d}x+y\varphi(x)\mathrm{d}y$.

11.5　对坐标的曲面积分及高斯公式

1. 设 Σ 是平面 $x+y+z=3$ 被三坐标面截下的部分的上侧，求：

(1) $\iint\limits_{\Sigma} x\mathrm{d}y\mathrm{d}z$；　　(2) $\iint\limits_{\Sigma}(x+y)\mathrm{d}z\mathrm{d}x$；　　(3) $\iint\limits_{\Sigma} yz\mathrm{d}x\mathrm{d}y$.

2. 计算曲面积分 $\iint\limits_{\Sigma} xyz\mathrm{d}x\mathrm{d}y$，其中 Σ 是球面 $x^2+y^2+z^2=1$ 外侧在 $x\geqslant 0, y\geqslant 0$ 的部分.

3. 计算 $\iint\limits_{\Sigma} x^2y^2z\mathrm{d}x\mathrm{d}y$，其中 Σ 是下半球面 $x^2+y^2+z^2=1$ 的下侧.

4. 计算 $\iint\limits_{\Sigma} z\mathrm{d}x\mathrm{d}y + x\mathrm{d}y\mathrm{d}z + y\mathrm{d}z\mathrm{d}x$，其中 Σ 是柱面 $x^2 + y^2 = 1$ 被平面 $z = 0$ 及 $z = 3$ 所截得的在第一卦限内的部分的前侧.

5. 计算 $\oiint\limits_{\Sigma} xz\mathrm{d}x\mathrm{d}y + xy\mathrm{d}y\mathrm{d}z + yz\mathrm{d}z\mathrm{d}x$，其中 Σ 是平面 $z = 0, x = 0, y = 0$, $x + y + z = 1$ 所围成的空间区域的整个边界曲面的外侧.

题 6～题 9 利用高斯公式.

6. $\oiint\limits_{\Sigma} x^2\mathrm{d}y\mathrm{d}z + y^2\mathrm{d}z\mathrm{d}x + z^2\mathrm{d}x\mathrm{d}y$，其中 Σ 为平面 $x = 0, y = 0, z = 0, x = a, y = a$, $z = a$ 所围成的立体表面的外侧.

7. $\oiint\limits_{\Sigma} x^3\mathrm{d}y\mathrm{d}z + y^2\mathrm{d}z\mathrm{d}x + z\mathrm{d}x\mathrm{d}y$，其中 Σ 是由 $x^2 + y^2 = 4, z = 1, z = 2$ 所围成的立体内表面.

8. 计算 $\iint\limits_{\Sigma} yz\mathrm{d}z\mathrm{d}x + 2\mathrm{d}x\mathrm{d}y$，其中 Σ 是球面 $x^2 + y^2 + z^2 = 4$ 的外侧在 $z \geqslant 0$ 的部分.

9. 计算 $\iint\limits_{\Sigma} x\sin x\mathrm{d}y\mathrm{d}z + y^2\mathrm{d}z\mathrm{d}x + z^2\mathrm{d}x\mathrm{d}y$，其中 Σ 是 $z = 1 - \sqrt{1 - x^2 - y^2}$ 的上侧.

总 习 题 11

1. 计算$\int_L (x^2+y^2+z^2)\mathrm{d}s$，其中$L$是点$A(1,-1,2)$到点$B(2,1,3)$的直线段.

2. 计算$\int_L (x+y)\mathrm{d}x-(x-y)\mathrm{d}y$，其中$L$为椭圆$\dfrac{x^2}{a^2}+\dfrac{y^2}{b^2}=1$的上半部分$(y\geqslant 0)$自点$A(-a,0)$到点$B(a,0)$的弧段.

3. 计算$I=\int_L y^2\mathrm{d}x-x^2\mathrm{d}y$，其中$L$是圆周$x=\cos t, y=\sin t$上由$t_1=0$到$t_2=\dfrac{\pi}{2}$的一段.

4. 求 $I=\int_L y\mathrm{d}x-x\mathrm{d}y+(x+y+z)\mathrm{d}z$ ，其中 L 是由点 $A(3,2,1)$ 到 $B(0,0,0)$ 的直线段.

5. 求椭圆 $\dfrac{x^2}{a^2}+\dfrac{y^2}{b^2}=1$ 所围成的区域面积 A .

6. 求 $\oint_L x^2y\mathrm{d}x-y^3\mathrm{d}y$，其中 L 为曲线 $y^3=x^2$ 与直线 $y=x$ 围成区域的边界，取顺时针方向.

7. 计算$\oint_L (e^x \sin y - 2y)dx + (e^x \cos y - 2)dy$，其中$L$为由点$A(a,0)$到点$B(-a,0)$的半圆周$y = \sqrt{a^2 - x^2}$.

8. 计算$\oint_L y^2 dx + 3xydy$，其中L是由圆$x^2 + y^2 = 1, x^2 + y^2 = 4$与$y = 0$围成的在上半平面的环域$D$的正向边界.

9. 计算$\oint_L \frac{xdy - ydx}{x^2 + y^2}$，其中$L$为任意一条分段光滑且不经过原点的闭曲线，$L$取正方向.

10. 验证 $(2x\cos y + y^2\cos x)\mathrm{d}x + (2y\sin x - x^2\sin y)\mathrm{d}y$ 在整个 xOy 平面内是某一函数 $u(x,y)$ 的全微分，并求出它的一个原函数.

11. 计算 $\iint\limits_{\Sigma}\sqrt{1+4z}\,\mathrm{d}S$，其中 Σ 为旋转抛物面 $z = x^2 + y^2$ 上 $z \leqslant 1$ 的部分.

12. 已知上半球面 Σ：$z = \sqrt{R^2 - x^2 - y^2}\ (R > 0)$ 的面密度为常数 μ，求：

(1) 它的形心坐标；

(2) 它绕 z 轴的转动惯量.

13. 计算 $I=\iint\limits_{\Sigma}(x^3+y^2+z)\mathrm{d}x\mathrm{d}y$，其中 Σ 是球面 $x^2+y^2+z^2=1$ 在 $x\geqslant 0, y\geqslant 0$ 的部分，取外侧.

14. 计算曲面积分 $I=\iint\limits_{\Sigma}(y-z)\mathrm{d}y\mathrm{d}z+(z-x)\mathrm{d}z\mathrm{d}x+(x-y)\mathrm{d}x\mathrm{d}y$，其中 Σ 是曲面 $z=\sqrt{x^2+y^2}$ 被 $z=h(h>0)$ 所截得的外侧.

第 12 章　无 穷 级 数

12.1　常数项级数的概念和性质

1. 写出下列级数的一般项.

(1) $1+\frac{1}{3}+\frac{1}{5}+\frac{1}{7}+\cdots$;

(2) $-\frac{2}{1}+\frac{3}{2}-\frac{4}{3}+\frac{5}{4}-\frac{6}{5}+\cdots$;

(3) $\frac{\sqrt{x}}{2}+\frac{x}{2\times 4}+\frac{x\sqrt{x}}{2\times 4\times 6}+\frac{x^2}{2\times 4\times 6\times 8}+\cdots$;

(4) $\frac{a^2}{3}-\frac{a^3}{5}+\frac{a^4}{7}-\frac{a^5}{9}+\cdots$.

2. 根据级数收敛与发散的定义判别下列级数的敛散性.

(1) $\frac{1}{1\times 3}+\frac{1}{3\times 5}+\frac{1}{5\times 7}+\cdots+\frac{1}{(2n-1)(2n+1)}+\cdots$;

(2) $\sum_{n=1}^{\infty}(\sqrt[2n+1]{a}-\sqrt[2n-1]{a})$，其中 $a>0$.

3. 判别下列级数的敛散性.

(1) $\frac{1}{3}+\frac{1}{\sqrt{3}}+\frac{1}{\sqrt[3]{3}}+\cdots+\frac{1}{\sqrt[n]{3}}+\cdots$;

(2) $\frac{1}{4}+\frac{1}{5}+\frac{1}{6}+\frac{1}{7}+\cdots$;

(3) $-\frac{8}{9}+\frac{8^2}{9^2}-\frac{8^3}{9^3}+\cdots$;

(4) $\left(\frac{1}{2}+\frac{1}{3}\right)+\left(\frac{1}{2^2}+\frac{1}{3^2}\right)+\left(\frac{1}{2^3}+\frac{1}{3^3}\right)+\cdots$;

(5) $\cos\frac{\pi}{1}+\cos\frac{\pi}{2}+\cdots+\cos\frac{\pi}{n}+\cdots$;

(6) $\frac{1}{3}+\frac{1}{2}+\frac{2}{5}+\frac{1}{2^2}+\cdots+\frac{n}{2n+1}+\frac{1}{2^n}+\cdots$.

12.2　常数项级数的审敛法

1. 用比较法或比较法的极限形式判别级数的敛散性.

(1) $1+\frac{1}{3}+\frac{1}{5}+\frac{1}{7}+\cdots$;

(2) $\frac{1}{2\times 5}+\frac{1}{3\times 6}+\cdots+\frac{1}{(n+1)(n+4)}+\cdots$;

(3) $\sin\frac{\pi}{2}+\sin\frac{\pi}{2^2}+\cdots+\sin\frac{\pi}{2^n}+\cdots$;

(4) $\sum_{n=1}^{\infty}\tan\frac{1}{n^2}$;

(5) $\sum_{n=1}^{\infty}\frac{n+1}{n^2+5n+2}$;

(6) $\sum_{n=1}^{\infty}\ln\left(1+\frac{1}{n}\right)$;

(7) $\sum_{n=1}^{\infty}\frac{1}{8^n-6^n}$；

(8) $\sum_{n=1}^{\infty}2^n\sin\frac{\pi}{3^n}$.

2. 用比值法判别级数的敛散性.

(1) $\sum_{n=1}^{\infty}\frac{n^2}{3^n}$；

(2) $\sum_{n=1}^{\infty}\frac{2^n n!}{n^n}$；

(3) $\sum_{n=1}^{\infty}2^{n+1}\tan\frac{\pi}{4n^2}$；

(4) $\sum_{n=1}^{\infty}\frac{(2n)!}{(n!)^2}$；

(5) $\sum_{n=1}^{\infty}\frac{1}{n!}$；

(6) $\sum_{n=1}^{\infty}n^2\sin\frac{\pi}{2^n}$.

3. 用根值法判别级数的敛散性.

(1) $\sum_{n=1}^{\infty}\left(\frac{2n}{3n+1}\right)^n$；　　(2) $\sum_{n=1}^{\infty}\frac{1}{[\ln(n+1)]^n}$；

(3) $\sum_{n=1}^{\infty}\left(\frac{n}{3n-1}\right)^{2n-1}$；　　(4) $\sum_{n=1}^{\infty}\frac{2^n}{3^{\ln n}}$.

4. 用适当的方法判别级数的敛散性.

(1) $\sum_{n=1}^{\infty}\frac{1+n}{1+n^2}$；　　(2) $\sum_{n=1}^{\infty}\sin\frac{\pi}{6^n}$；

(3) $\sum_{n=1}^{\infty}\frac{n^p}{n!}$；

(4) $\sum_{n=1}^{\infty}n\left(\frac{3}{4}\right)^n$；

(5) $\sum_{n=1}^{\infty}\frac{n^2+1}{(n^2+3)(n^2+2)}$；

(6) $\sum_{n=1}^{\infty}\frac{n!}{4^n}$；

(7) $\sum_{n=1}^{\infty}\frac{3+(-1)^n}{2^{n+1}}$；

(8) $\sum_{n=1}^{\infty}\frac{n-\sqrt{n}}{2n-1}$.

5. 判别下列交错级数的敛散性.

(1) $\sum_{n=1}^{\infty}(-1)^n\sqrt{\frac{n}{1+3n}}$；

(2) $\sum_{n=1}^{\infty}(-1)^{n-1}\frac{1}{1+2n}$；

(3) $\sum_{n=1}^{\infty}(-1)^n\frac{1}{\sqrt{n}}$；

(4) $\sum_{n=1}^{\infty}(-1)^{n-1}\sqrt{\frac{n}{1+2n}}$.

6. 判别下列级数是否收敛？若收敛，是绝对收敛还是条件收敛.

(1) $\sum_{n=1}^{\infty}(-1)^{n-1}\frac{1}{(2n-1)^2}$；

(2) $\sum_{n=1}^{\infty}(-1)^{n-1}\frac{1}{\ln(n+1)}$；

(3) $\sum_{n=1}^{\infty}(-1)^{n-1}\frac{n}{3^{n-1}}$；

(4) $\sum_{n=1}^{\infty}(-1)^{n}\ln\left(\frac{n+1}{n}\right)$；

(5) $\sum_{n=1}^{\infty}(-1)^{n-1}\frac{\sqrt{n}}{1+n}$；

(6) $\sum_{n=1}^{\infty}\frac{1}{n}\sin\frac{n\pi}{2}$；

(7) $\sum_{n=1}^{\infty}(-1)^{n}\frac{1}{2^{n}}\left(1+\frac{1}{n}\right)^{n^{2}}$；

(8) $\sum_{n=1}^{\infty}(-1)^{n}\left(1-\cos\frac{a}{n}\right)$ $(a>0)$.

12.3　幂　级　数

1. 求下列幂级数的收敛域.

(1) $\sum_{n=1}^{\infty} nx^n$；

(2) $\sum_{n=1}^{\infty} n!x^n$；

(3) $\sum_{n=1}^{\infty} \frac{x^n}{2\times 4\times 6\times\cdots\times(2n)}$；

(4) $\sum_{n=1}^{\infty}\frac{(x-5)^n}{\sqrt{n}}$;

(5) $\sum_{n=1}^{\infty}(-1)^n\frac{x^{2n+1}}{2n+1}$;

(6) $\sum_{n=1}^{\infty}\frac{(-1)^n}{n\times 4^n}(x+1)^n$.

2. 求下列级数在收敛域内的和函数.

(1) $\sum_{n=1}^{\infty} nx^n$；

(2) $\sum_{n=1}^{\infty} \frac{x^{2n-1}}{2n-1}$；

(3) $\sum_{n=1}^{\infty} (-1)^n \frac{x^{2n+1}}{2n+1}$；

(4) $\sum_{n=1}^{\infty} n(n+1)x^n$.

3. 求级数$\sum_{n=1}^{\infty} \frac{2n-1}{2^n}$的和.

4. 求幂级数$\sum_{n=0}^{\infty} \frac{2n+1}{n!} x^{2n}$的收敛域及和函数.

12.4　函数展开成幂级数

1. 将下列函数展开成 x 的幂级数，并求展开式成立的区间.

(1) $\ln(2+x)$；

(2) $\dfrac{1}{a-x}\ (a \neq 0)$；

(3) $\dfrac{1}{(2-x)^2}$；

(4) $\dfrac{x}{\sqrt{1+x^2}}$.

2. 将函数 $f(x)=\frac{1}{x}$ 展开成 $(x-3)$ 的幂级数.

3. 将函数 $f(x)=\lg x$ 展开成 $(x-1)$ 的幂级数.

4. 将函数 $f(x)=\frac{1}{x^2+3x+2}$ 展开成 $(x+4)$ 的幂级数.

12.5　函数幂级数展开式在近似计算中的应用

1. 利用函数的幂级数展开式求下列各数的近似值：

(1) $\ln 3$ (误差不超过 0.0001)；

(2) $\sqrt{\mathrm{e}}$ (误差不超过 0.001)；

(3) $\sqrt[9]{522}$ (误差不超过 0.00001)；

(4) $\cos 2^0$ (误差不超过 0.0001).

2. 利用被积函数的幂级数展开式求下列定积分的近似值：

(1) $\int_0^{0.5}\frac{1}{1+x^4}\mathrm{d}x$ (误差不超过 0.0001)；

(2) $\int_0^{0.5}\frac{\arctan x}{x}\mathrm{d}x$ (误差不超过 0.001).

12.6　傅里叶级数

1. 设 $f(x)$ 是周期为 2π 的周期函数，它在 $[-\pi,\pi)$ 上的表达式为 $f(x)=\begin{cases}x, & -\pi\leqslant x<0,\\ 0, & 0\leqslant x<\pi.\end{cases}$ 请将 $f(x)$ 展开成傅里叶级数.

2. 设 $f(x)$ 是周期为 2π 的周期函数，它在 $[-\pi,\pi)$ 上的表达式为 $f(x)=\begin{cases}bx, & -\pi\leqslant x<0,\\ ax, & 0\leqslant x<\pi.\end{cases}$ 请将 $f(x)$ 展开成傅里叶级数.

3. 设 $f(x)$ 是周期为 2π 的周期函数，它在 $[-\pi,\pi)$ 上的表达式为 $f(x)=\cos\dfrac{x}{2}$，将 $f(x)$ 展开成傅里叶级数.

4. 设 $f(x)$ 的表达式为 $f(x)=2\sin\dfrac{x}{3}(-\pi\leqslant x\leqslant\pi)$，将 $f(x)$ 展开成傅里叶级数.

12.7　正弦级数和余弦级数

1. 将函数 $f(x)=\dfrac{\pi-x}{2}$ $(0\leqslant x\leqslant\pi)$ 展开成正弦级数.

2. 将函数 $f(x)=2x^2$ $(0\leqslant x\leqslant\pi)$ 分别展开成正弦级数和余弦级数.

3. 将函数 $f(x)=\begin{cases}1, & 0\leqslant x\leqslant h,\\ 0, & h<x\leqslant \pi\end{cases}$ 展开成余弦级数.

4. 将函数 $f(x)=\begin{cases}x, & 0\leqslant x<\dfrac{1}{2},\\ 1-x, & \dfrac{1}{2}\leqslant x<1\end{cases}$ 展开成正弦级数.

总 习 题 12

一、填空题

1. 设级数 $\frac{2}{1\times 2}+\frac{2^2}{2\times 3}+\frac{2^3}{3\times 4}+\frac{2^4}{4\times 5}+\cdots$，则其一般项 $u_n=$________.

2. 设幂级数 $\sum_{n=0}^{\infty}a_n x^n$ 的收敛半径为 3，则幂级数 $\sum_{n=1}^{\infty}na_n(x-1)^{n+1}$ 的收敛区间为________.

3. 幂级数 $\sum_{n=1}^{\infty}\frac{n}{(-3)^n+2^n}x^{2n-1}$ 的收敛半径 $R=$________.

4. 级数 $\sum_{n=1}^{\infty}\frac{(x-2)^{2n}}{n\times 4^n}$ 的收敛域为________.

5. 级数 $\sum_{n=0}^{\infty}\frac{(\ln 3)^n}{2^n}$ 的和为________.

6. $\sum_{n=1}^{\infty}n\left(\frac{1}{2}\right)^{n-1}=$________.

7. 设函数 $f(x)=\pi x+x^2\ (-\pi<x<\pi)$ 的傅里叶级数展开式为________.

$\frac{a_0}{2}+\sum_{n=1}^{\infty}(a_n\cos nx+b_n\sin nx)$，则其系数 b_3 的值为________.

8. 级数 $\sum_{n=1}^{\infty}\frac{1}{n(n+1)(n+2)}$ 的和为________.

二、选择题

1. 设常数 $\lambda>0$，而级数 $\sum_{n=1}^{\infty}a_n^2$ 收敛，则级数 $\sum_{n=1}^{\infty}(-1)^n\frac{|a_n|}{\sqrt{n^2+\lambda}}$ 是(　　).

(A) 发散　　(B) 条件收敛

(C) 绝对收敛　　(D) 收敛与 λ 有关

2. 设 $p_n=\frac{a_n+|a_n|}{2}$，$q_n=\frac{a_n-|a_n|}{2}$，$n=1,2,\cdots$，则下列命题中正确的是(　　).

(A) 若 $\sum_{n=1}^{\infty}a_n$ 条件收敛，则 $\sum_{n=1}^{\infty}p_n$ 与 $\sum_{n=1}^{\infty}q_n$ 都收敛

(B) 若 $\sum_{n=1}^{\infty}a_n$ 绝对收敛，则 $\sum_{n=1}^{\infty}p_n$ 与 $\sum_{n=1}^{\infty}q_n$ 都收敛

(C) 若 $\sum_{n=1}^{\infty} a_n$ 条件收敛，则 $\sum_{n=1}^{\infty} p_n$ 与 $\sum_{n=1}^{\infty} q_n$ 的敛散性都不一定

(D) 若 $\sum_{n=1}^{\infty} a_n$ 绝对收敛，则 $\sum_{n=1}^{\infty} p_n$ 与 $\sum_{n=1}^{\infty} q_n$ 的敛散性都不定

3. 设 $a_n > 0, n = 1,2,\cdots$，若 $\sum_{n=1}^{\infty} a_n$ 发散，$\sum_{n=1}^{\infty} (-1)^{n-1} a_n$ 收敛，则下列结论正确的是 (　　).

(A) $\sum_{N=1}^{\infty} a_{2n-1}$ 收敛，$\sum_{n=1}^{\infty} a_{2n}$ 发散

(B) $\sum_{n=1}^{\infty} a_{2n}$ 收敛，$\sum_{n=1}^{\infty} a_{2n-1}$ 发散

(C) $\sum_{n=1}^{\infty} (a_{2n-1} + a_{2n})$ 收敛

(D) $\sum_{n=1}^{\infty} (a_{2n-1} - a_{2n})$ 收敛

4. 设 α 为常数，则级数 $\sum_{n=1}^{\infty} \left(\frac{\sin(n\alpha)}{n^2} - \frac{1}{\sqrt{n}} \right)$ 是 (　　).

(A) 绝对收敛

(B) 条件收敛

(C) 发散

(D) 收敛性与 α 取值有关

5. 设 $u_n = (-1)^n \ln\left(1 + \frac{1}{\sqrt{n}}\right)$，则级数 (　　).

(A) $\sum_{n=1}^{\infty} u_n$ 与 $\sum_{n=1}^{\infty} u_n^2$ 都收敛

(B) $\sum_{n=1}^{\infty} u_n$ 与 $\sum_{n=1}^{\infty} u_n^2$ 都发散

(C) $\sum_{n=1}^{\infty} u_n$ 收敛而 $\sum_{n=0}^{\infty} u_n^2$ 发散

(D) $\sum_{n=1}^{\infty} u_n$ 发散而 $\sum_{n=1}^{\infty} u_n^2$ 收敛

6. 已知级数 $\sum_{n=1}^{\infty} (-1)^{n-1} a_n = 2, \sum_{n=1}^{\infty} a_{2n-1} = 5$，则级数 $\sum_{n=1}^{\infty} a_n$ 等于 (　　).

(A) 3　　(B) 7　　(C) 8　　(D) 9

7. 设 $f(x) = \begin{cases} x, & 0 \leqslant x \leqslant \frac{1}{2}, \\ 2 - 2x, & \frac{1}{2} < x < 1, \end{cases}$ $S(x) = \frac{a_0}{2} + \sum_{n=1}^{\infty} a_n \cos n\pi x$，$-\infty < x < +\infty$，

其中 $a_n = 2\int_0^1 f(x)\cos n\pi x \mathrm{d}x \ (n = 0,1,2,\cdots)$，则 $S\left(-\frac{5}{2}\right)$ 等于 (　　).

(A) $\frac{1}{2}$　　(B) $-\frac{1}{2}$　　(C) $\frac{3}{4}$　　(D) $-\frac{3}{4}$

8. 设级数 $\sum_{n=1}^{\infty}\mu_n$ 收敛，则必收敛的级数为（　　）.

(A) $\sum_{n=1}^{\infty}(-1)^n\frac{u_n}{n}$　　(B) $\sum_{n=1}^{\infty}u_n^2$

(C) $\sum_{n=1}^{\infty}(u_{2n-1}-u_{2n})$　　(D) $\sum_{n=1}^{\infty}(u_n+u_{n+1})$

9. 若级数 $\sum_{n=1}^{\infty}a_n$ 收敛，则级数（　　）.

(A) $\sum_{n=1}^{\infty}|a_n|$ 收敛　　(B) $\sum_{n=1}^{\infty}(-1)^n a_n$ 收敛

(C) $\sum_{n=1}^{\infty}a_n a_{n+1}$ 收敛　　(D) $\sum_{n=1}^{\infty}\frac{a_n+a_n+1}{2}$ 收敛

10. 若 $\sum_{n=0}^{\infty}a_n(x-1)^n$ 在 $x=1$ 处收敛，则此级数在 $x=2$ 处（　　）.

(A) 条件收敛　　(B) 绝对收敛

(C) 发散　　(D) 敛散性不能确定

三、判别下列级数的敛散性

1. $\sum_{n=1}^{\infty}\frac{1}{n\sqrt[n]{n}}$；

2. $\sum_{n=1}^{\infty}\frac{(n!)^2}{2n^2}$；

3. $\sum_{n=1}^{\infty}\frac{n\cos^2\frac{n\pi}{3}}{2^n}$；

4. $\sum_{n=1}^{\infty}\frac{(-1)^n}{n-\ln n}$；

5. $\sum_{n=1}^{\infty}\frac{1}{\ln^{10} n}$；

6. $\sum_{n=1}^{\infty}\frac{a^n}{n^s}\ (a,s>0)$.

四、讨论下列级数的绝对收敛性与条件收敛性

1. $\sum_{n=1}^{\infty}(-1)^n\frac{1}{n^p}$；

2. $\sum_{n=1}^{\infty}(-1)^n\frac{n}{n^2+1}$；

3. $\sum_{n=1}^{\infty}(-1)^{n+1}\frac{\sin\frac{\pi}{n+1}}{\pi^{n+1}}$；

4. $\sum_{n=1}^{\infty}(-1)^n\frac{(n+1)!}{n^{n+1}}$；

5. $\sum_{n=1}^{\infty}\frac{1}{2^n}\sin\frac{n\pi}{7}$；

6. $\sum_{n=1}^{\infty}(-1)^{n-1}\frac{n^3}{2^n}$.

五、求下列级数的收敛域

1. $\sum_{n=1}^{\infty}\frac{x^n}{2^{n-1}(n+1)}$；

2. $\sum_{n=1}^{\infty}n^n(x-2)^n$；

3. $\sum_{n=1}^{\infty}\frac{3^n}{n!}\left(\frac{x-1}{2}\right)^n$；

4. $\sum_{n=1}^{\infty}(-1)^n\frac{x^{2n}}{n\cdot 2^n}$；

5. $\sum_{n=1}^{\infty}[1-(-2)^n]x^n$；

6. $\sum_{n=0}^{\infty}\frac{(-1)^n}{n^2+1}(x+1)^n$.

六、求下列级数在收敛域内的和函数

1. $\sum_{n=0}^{\infty}(1-x)x^n$；

2. $\sum_{n=0}^{\infty}(-1)^n(n+1)x^n$；

3. $\sum_{n=1}^{\infty}\frac{2n-1}{2^n}x^{2n-1}$；

4. $\sum_{n=1}^{\infty}\frac{x^n}{n(n+1)}$.

七、求下列级数的和

1. $\sum_{n=1}^{\infty}(-1)^n\frac{n}{2^n}$；

2. $\sum_{n=0}^{\infty}\frac{(n+1)^2}{2^n}$.

八、将下列函数展开成 x 的幂级数

1. $\ln(x+\sqrt{x^2+1})$；

2. $\arctan\frac{1+x}{1-x}$.

九、设 $f(x)$ 是周期为 2π 的周期函数，它在 $[-\pi,\pi)$ 上的表达式为 $f(x)=\begin{cases}0, & -\pi\leqslant x<0,\\ e^x, & 0\leqslant x<\pi.\end{cases}$ 将 $f(x)$ 展开成傅里叶级数.

十、将函数 $f(x)=|\cos x|\,(-\pi\leqslant x\leqslant\pi)$ 展开成傅里叶级数，并求 $\sum\limits_{n=1}^{\infty}\dfrac{1}{(2n-1)(2n+1)}$ 的和.

答　案

第 8 章　向量代数与空间解析几何

8.1　空间向量及其线性运算

1. (1) $(a,b,-c),(-a,b,c),(a,-b,c)$;　(2) $(a,b,c),(a,b,c),(a,b,c)$;　(3) $(-a,-b,-c)$.

2. x 轴：$\sqrt{34}$，y 轴：$\sqrt{41}$，z 轴：5.

3. $(0,1,-2)$.　**4**. $5a-11b+7c$.　**5**. 略.

6. 2;　$-\frac{1}{2},-\frac{\sqrt{2}}{2},\frac{1}{2}$;　$\frac{2\pi}{3},\frac{3\pi}{4},\frac{\pi}{3}$.

7. (1) 垂直于 x 轴，平行于 xOy 面；

(2) 指向于 y 轴正向一致，垂直于 zOx 面；

(3) 垂直于 xOy 面，平行于 z 轴.

8. $|\boldsymbol{a}|=\sqrt{3},|\boldsymbol{b}|=\sqrt{38},|\boldsymbol{c}|=3$;　$\boldsymbol{a}=\sqrt{3}\boldsymbol{a}^0,\boldsymbol{b}=\sqrt{38}\boldsymbol{b}^0,\boldsymbol{c}=3\boldsymbol{c}^0$.

8.2　空间向量的数量积与向量积

1. $\frac{\pi}{3}$.　**2**. $13,7\boldsymbol{j}$.　**3**. $\frac{1}{11}(6,7,-6)$ 或 $\frac{-1}{11}(6,7,-6)$.

4. $(18,17,-17)$.　**5**. 1.　**6**. $(14,10,2)$.　**7**. $-\frac{3}{2}$.

8. 2.　**9**. $\lambda=2\mu$.　**10**. $-\frac{\sqrt{19}}{2}$.　**11**. 略.　**12**. $\pm\frac{1}{\sqrt{3}}(1,-1,1)$.

8.3　空间平面及其方程

1. $3x-7y+5z-4=0$.　**2**. $3x+9y-6z-121=0$.　**3**. $x+y-3z-4=0$.

4. $(1,-1,3)$.　**5**. 1.　**6**. $3x-7y+5z=4$.　**7**. $2x-y-3z=0$.

8. $y+2z=0$.　**9**. $x+y+z=2$.　**10**. $x+3y=0,3x-y=0$.　**11**. $\frac{5\sqrt{3}}{6}$.

8.4　空间直线及其方程

1. $\frac{x-4}{2}=\frac{y+1}{1}=\frac{z-3}{5}$.　**2**. $\frac{x-1}{-2}=\frac{y-1}{1}=\frac{z-3}{3}$, $\begin{cases}x=1-2t,\\y=1+t,\\z=1+3t.\end{cases}$　**3**. $16x-14y-11z=65$.

4. $\frac{x}{-2}=\frac{y-2}{3}=\frac{z-4}{1}$.　**5**. $8x-9y-22z=59$.　**6**. $\varphi=0$.

7. (1) 平行；　(2) 垂直；　(3) 直线在平面上.

8. $\left(-\frac{5}{3},\frac{2}{3},\frac{2}{3}\right)$.　　9. $\frac{3\sqrt{2}}{2}$.　　10. 略.　　11. $\begin{cases}17x+31y-37z=117,\\4x-y+z-1=0.\end{cases}$

8.5　空间曲面与空间曲线

1. $4x+4y+10z-63=0$.　　2. $x^2+y^2+z^2-2x-6y+4z=0$.

3. $y^2+z^2=5x$.　　4. $x^2+y^2+z^2=9$.

5. 绕 x 轴：$4x^2-9(y^2+z^2)=36$；绕 y 轴：$4(x^2+z^2)-9y^2=36$.

6. (1) xOy 平面上的椭圆 $\frac{x^2}{4}+\frac{y^2}{9}=1$ 绕 x 轴旋转一周；

(2) xOy 平面上的双曲线 $x^2-\frac{y^2}{4}=1$ 绕 y 轴旋转一周；

(3) xOy 平面上的双曲线 $x^2-y^2=1$ 绕 x 轴旋转一周；

(4) yOz 平面上的直线 $z=y+a$ 绕 z 轴旋转一周.

7. 略.

8. 母线平行于 x 轴的柱面方程：$3y^2-z^2=16$；

母线平行于 y 轴的柱面方程：$3x^2+2z^2=16$.

9. 在 xOy 面：$x^2+y^2\leqslant 4$；在 xOz 面：$x^2\leqslant z\leqslant 4$；在 yOz 面：$y^2\leqslant z\leqslant 4$.

总习题 8

一、1. $2x+8y+z+8=0$.　　2. $x+7y+4z-17=0$.　　3. -6.

4. $\pm\frac{1}{\sqrt{17}}(3\boldsymbol{i}-2\boldsymbol{j}-2\boldsymbol{k})$.　　5. $-\frac{4}{3}$.　　6. $-16(x-2)+14y+11(z+3)=0$.

7. $\frac{x}{-2}=\frac{y-2}{3}=\frac{z-4}{1}$.　　8. -6.

二、1. (B).　2. (D).　3. (B).　4. (A).　5. (A).　6. (C).　7. (D).　8. (D).

三、1. $\arccos\frac{2}{\sqrt{7}}$.　　2. $z=-4, \theta_{\min}=\frac{\pi}{4}$.　　3. 30.

4. $x+\sqrt{26}y+3z-3=0$ 或 $x-\sqrt{26}y+3z-3=0$.　5. $x+2y+1=0$.　6. $\frac{x+1}{16}=\frac{y}{19}=\frac{z-4}{28}$.

7. $z=0, x^2+y^2=x+y$；　$x=0, 2y^2+2yz+z^2-4y-3z+2=0$；

$y=0, 2x^2+2xz+z^2-4x-3z+2=0$.

8. $\begin{cases}y-z-1=0,\\x+y+z=0.\end{cases}$

四、1. 略.　　2. $\boldsymbol{c}=5\boldsymbol{a}+\boldsymbol{b}$.

第9章　多元函数微分学

9.1　多元函数的基本概念

1. $(x+y)^{xy}+(xy)^{2x}$.

2. (1) $D=\left\{(x,y)\mid y^2-2x+1>0\right\}$；　(2) $D=\left\{(x,y)\mid x\geqslant\sqrt{y},\ y\geqslant 0\right\}$.

3. (1) 1；　(2) 2；　(3) 2；　(4) 0.

4. 曲线 $y^2-2x=0$ 上的点.

9.2　偏导数

1. (1) $\dfrac{\partial z}{\partial x}=3x^2y-y^3,\ \dfrac{\partial z}{\partial y}=x^3-3xy^2$；　(2) $\dfrac{\partial z}{\partial x}=-y^2\sin\left(xy^2\right),\ \dfrac{\partial z}{\partial y}=-2xy\sin\left(xy^2\right)$；

(3) $\dfrac{\partial z}{\partial x}=\dfrac{1}{y}\mathrm{e}^{\frac{x}{y}},\ \dfrac{\partial z}{\partial y}=-\dfrac{x}{y^2}\mathrm{e}^{\frac{x}{y}}$；　(4) $\dfrac{\partial z}{\partial x}=\dfrac{1}{x},\ \dfrac{\partial z}{\partial y}=\dfrac{1}{y}$.

2. $f_x(x,1)=1$.

3. (1) $\dfrac{\partial^2 z}{\partial x^2}=12x^2-8y^2,\ \dfrac{\partial^2 z}{\partial x\partial y}=\dfrac{\partial^2 z}{\partial y\partial x}=-16xy,\ \dfrac{\partial^2 z}{\partial y^2}=12y^2-8x^2$；

(2) $\dfrac{\partial^2 z}{\partial x^2}=\dfrac{2xy}{(x^2+y^2)^2},\ \dfrac{\partial^2 z}{\partial x\partial y}=\dfrac{\partial^2 z}{\partial y\partial x}=\dfrac{y^2-x^2}{(x^2+y^2)^2},\ \dfrac{\partial^2 z}{\partial y^2}=\dfrac{-2xy}{(x^2+y^2)^2}$.

4. 0；　2；　−2；

5. 略.

9.3　全微分

1. (1) $\mathrm{d}z=\left(y+\dfrac{1}{y}\right)\mathrm{d}x+\left(x-\dfrac{x}{y^2}\right)\mathrm{d}y$；

(2) $\mathrm{d}u=yzx^{yz-1}\mathrm{d}x+zx^{yz}\ln x\mathrm{d}y+yx^{yz}\ln x\mathrm{d}z$.

2. $\mathrm{d}z\Big|_{\substack{x=1\\y=2}}=\dfrac{1}{3}\mathrm{d}x+\dfrac{2}{3}\mathrm{d}y$.

3. $-\dfrac{3}{11}$, −0.3.

9.4　多元复合函数的求导法则

1. $4x, 4y$.

2. $\dfrac{\partial z}{\partial x}=\dfrac{2x\ln(3x-2y)}{y^2}+\dfrac{3x^2}{(3x-2y)y^2},\ \dfrac{\partial z}{\partial y}=-\dfrac{2x^2\ln(3x-2y)}{y^3}-\dfrac{2x^2}{(3x-2y)y^2}$.

3. (1) $\frac{\partial u}{\partial x}=2xf_1'+ye^{xy}f_2'$, $\frac{\partial u}{\partial y}=-2xf_1'+xe^{xy}f_2'$；

(2) $\frac{\partial u}{\partial x}=\frac{1}{y}f_1'$, $\frac{\partial u}{\partial y}=-\frac{x}{y^2}f_1'+\frac{1}{z}f_2'$, $\frac{\partial u}{\partial z}=-\frac{y}{z^2}f_2'$.

4. (1) y^2f_{11}''，　$f_1'+y(xf_{11}''+f_{12}'')$，　$x^2f_{11}''+2xf_{12}''+f_{22}''$；

(2) $f_{11}''+\frac{2}{y}f_{12}''+\frac{1}{y^2}f_{22}''$，　$-\frac{x}{y^2}f_{12}''-\frac{x}{y^3}f_{22}''-\frac{1}{y^2}f_2'$，　$\frac{2x}{y^3}f_2'+\frac{x^2}{y^4}f_{22}''$.

9.5　隐函数的求导公式

1. $\frac{y^2-e^x}{\cos y-2xy}$.　2. $\frac{\partial z}{\partial x}=\frac{yz}{e^z-xy}$.　3. $\frac{\partial z}{\partial x}=\frac{z}{x+z}$；　$\frac{\partial z}{\partial y}=\frac{z^2}{y(x+z)}$.

4. $\frac{z^5-2xyz^3-x^2y^2z}{(z^2-xy)^3}$.

9.6　多元函数微分学的几何应用

1. 切线方程：$\frac{x-\frac{1}{2}}{\frac{1}{4}}=\frac{y-2}{-1}=\frac{z-1}{2}$；　法平面方程：$2x-8y+16z=1$.

2. 切线方程：$\frac{x-1}{1}=\frac{y-1}{\frac{9}{16}}=\frac{z-1}{-\frac{1}{16}}$；　法平面方程：$16x+9y-z=24$.

3. $x+2y+3z-14=0$.

4. 切平面方程：$x+2y=4$；　法线方程：$\begin{cases}\frac{x-2}{1}=\frac{y-1}{2},\\ z=0.\end{cases}$

5. $x-y+2z=\pm\sqrt{\frac{11}{2}}$.

9.7　方向导数与梯度

1. $\frac{98}{13}$.　2. $\frac{6\sqrt{14}}{7}$.　3. $(3,-2,-6),(6,3,0)$.

9.8　多元函数的极值及求法

1. 极大值 $f(2,-2)=8$.　2. 极小值 $f\left(\frac{1}{2},-1\right)=-\frac{e}{2}$.　3. $\frac{2p}{3}$ 及 $\frac{p}{3}$.

总习题 9

1. (1) $\dfrac{\partial z}{\partial x}=\dfrac{1}{2x\sqrt{\ln xy}}$，$\dfrac{\partial z}{\partial y}=\dfrac{1}{2y\sqrt{\ln xy}}$；　(2) $\dfrac{\partial s}{\partial u}=\dfrac{1}{v}-\dfrac{v}{u^2}$，$\dfrac{\partial s}{\partial v}=\dfrac{1}{u}-\dfrac{u}{v^2}$.

2. $\dfrac{\partial z}{\partial x}=\dfrac{2x}{1+x^2+y^2}$，$\dfrac{\partial z}{\partial y}=\dfrac{2y}{1+x^2+y^2}$.

3. $\dfrac{\mathrm{d}y}{\mathrm{d}x}=\dfrac{x+y}{x-y}$.　**4.** 略.　**5.** $f''_{11}+2y^2f''_{12}+y^4f''_{22}$.

6. 切线方程：$\dfrac{x-\left(\dfrac{\pi}{2}-1\right)}{1}=\dfrac{y-1}{1}=\dfrac{z-2\sqrt{2}}{\sqrt{2}}$；　法平面方程：$x+y+\sqrt{2}z=\dfrac{\pi}{2}+4$.

7. 长宽高均为 $\dfrac{2a}{\sqrt{3}}$.

第 10 章　重　积　分

10.1　二重积分的计算

1. $\dfrac{13}{6}$.　**2.** $\dfrac{45}{8}$.　**3.** $\dfrac{1}{4}(\mathrm{e}^{b^2}-\mathrm{e}^{a^2})(\mathrm{e}^{d^2}-\mathrm{e}^{c^2})$.　**4.** $-\dfrac{3\pi}{2}$.

5. $\dfrac{3}{2}+\cos 1+\sin 1-\cos 2-2\sin 2$.　**6.** $\sqrt{2}-1$.　**7.** $\dfrac{3}{5}+\dfrac{\pi}{2}$.

8. $\dfrac{\pi}{4}(2\ln 2-1)$.　**9.** $\dfrac{5\pi}{2}$.

10. (1) $\int_0^1\mathrm{d}y\int_{\sqrt{y}}^1 f(x,y)\mathrm{d}x$；　(2) $\int_{-2}^0\mathrm{d}x\int_{2x+4}^{4-x^2} f(x,y)\mathrm{d}y$；　(3) $\int_0^1\mathrm{d}y\int_{2-y}^{1+\sqrt{1-y^2}} f(x,y)\mathrm{d}x$；

(4) $\int_0^1\mathrm{d}x\int_0^{x^2} f(x,y)\mathrm{d}y$.

11. (1) $\int_0^{\frac{\pi}{2}}\mathrm{d}\theta\int_0^{2a\cos\theta} rf(r^2)\mathrm{d}r$；　(2) $\int_{\frac{\pi}{4}}^{\frac{\pi}{3}}\mathrm{d}\theta\int_0^{2\sec\theta} rf(\theta)\mathrm{d}r$；　(3) $\int_{-\frac{\pi}{2}}^{\frac{\pi}{2}}\mathrm{d}\theta\int_0^{2R\cos\theta} r\sqrt{R^2-r^2}\mathrm{d}r$.

12. (1) $\dfrac{9}{2}$；　(2) 6π.

13. $\dfrac{49}{20}$.　**14.** $a^2\left(\dfrac{\pi^2}{16}-\dfrac{1}{2}\right)$.　**15.** 略.　**16.** 略.

10.2　三重积分的计算

1. $\dfrac{968}{15}$.　**2.** $\dfrac{1}{720}$.　**3.** $\dfrac{\pi}{16}$.　**4.** $\dfrac{13\pi}{4}$.　**5.** $\dfrac{5\pi}{6}$.

6. $\dfrac{4}{3}\pi R^3$.　***7.** $\dfrac{4\pi}{5}$.　***8.** $\dfrac{7\pi a^4}{6}$.　**9.** $\dfrac{64\pi}{75}$.

10.3　重积分的应用

1. $\sqrt{2}\pi$.　**2**. $\frac{\pi}{6}$.　**3**. 6π.　**4**. $\left(-\frac{6a}{5(3\pi-2)},0\right)$.

5. $\frac{4\pi}{15}$.　**6**. $\frac{\pi a^4 h}{2}$.　*7. $(0,0,5R/4)$.　**8**. $\left(\frac{1}{5},\frac{12}{5}\right)$, $292\frac{4}{7}$.

总习题 10

1. 略.　**2**. 8.　**3**. $\frac{45}{8}$.　**4**. $1-\sin 1$.

5. (1) $I=\int_0^1 \mathrm{d}y\int_{1-\sqrt{1-y^2}}^{y} f(x,y)\mathrm{d}x$；　(2) $I=\int_0^3 \mathrm{d}y\int_{\frac{y^2}{9}}^{\sqrt{10-y^2}} f(x,y)\mathrm{d}x$.

6. $\frac{4}{3}$.　**7**. $\frac{\pi}{3}-\frac{4}{9}$.　**8**. $\frac{3\pi^2}{64}$.

9. $\int_0^{\frac{\pi}{2}}\mathrm{d}\theta\int_0^{\frac{1}{\sin\theta+\cos\theta}} f(r\cos\theta,r\sin\theta)r\mathrm{d}r$.

10. $\frac{9}{2}$.　**11**. $\frac{7}{12}\pi$.　**12**. $\frac{2\pi}{3}$.　**13**. 2π.　**14**. $4\pi R^2$.　**15**. $(1,2)$.

第 11 章　曲线积分与曲面积分

11.1　对弧长的曲线积分

1. $\frac{5(1+\sqrt{2})}{6}$.　**2**. $2\pi a^{2n+1}$.　**3**. 32.

4. $\frac{5\sqrt{5}+6\sqrt{2}-1}{12}$.　**5**. $\frac{\sqrt{3}(1-\mathrm{e}^{-2})}{2}$.　**6**. 9.

11.2　对面积的曲面积分

1. $4\sqrt{61}$.　**2**. $\frac{1+\sqrt{2}}{2}\pi$.　**3**. $\pi(a^3-ah^2)$.　**4**. $\frac{\sqrt{3}}{120}$.　**5**. $\frac{64\sqrt{2}}{15}a^4$.

11.3　对坐标的曲线积分

1. $-\frac{56}{15}$.　**2**. $-\frac{\pi a^3}{2}$.　**3**. 13.　**4**. 0.　**5**. -2π.

11.4　格林公式及其应用

1. $\frac{1}{2}(1-\mathrm{e}^{-1})$.　**2**. $-9\pi+6$.　**3**. $\frac{\sin 2}{4}-\frac{7}{6}$.　**4**. $\frac{\pi^2}{4}$.　**5**. $\frac{3}{8}\pi a^2$.

6. (1) $\frac{5}{2}$；　(2) 236；　(3) 5.

7. (1) $\frac{x^2}{3}+x^2y-xy^2-\frac{y^3}{3}$； (2) $y^2\cos x+x^2\cos y$； (3) $-\cos 2x\sin 3y$.

8. $\frac{1}{2}$.

11.5 对坐标的曲面积分及高斯公式

1. (1) $\frac{9}{2}$； (2) 9； (3) $\frac{27}{8}$.

2. $\frac{2}{15}$. 3. $\frac{2\pi}{105}$. 4. $\frac{3\pi}{2}$. 5. $\frac{1}{8}$. 6. $3a^4$. 7. -16π. 8. 12π. 9. $\frac{\pi}{6}$.

总习题 11

1. $13\sqrt{6}$. 2. $ab\pi$. 3. $-\frac{4}{3}$. 4. -3. 5. πab. 6. $\frac{1}{44}$.

7. πa^2. 8. $\frac{14}{3}$. 9. 2π. 10. $u(x,y)=y^2\sin x+x^2\cos y$. 11. 3π.

12. (1) $\left(0,0,\frac{R}{2}\right)$； (2) $\frac{4}{3}\pi\mu R^4$.

13. $\frac{\pi}{3}$. 14. 0.

第 12 章　无 穷 级 数

12.1 常数项级数的概念和性质

1. (1) $\frac{1}{2n-1}$； (2) $(-1)^n\frac{n+1}{n}$； (3) $\frac{x^{\frac{n}{2}}}{2\times4\times6\times8\times\cdots\times2n}$； (4) $(-1)^{n+1}\frac{a^{n+1}}{2n+1}$.

2. (1) 收敛； (2) 收敛.

3. (1) 发散； (2) 发散； (3) 收敛； (4) 收敛； (5) 发散； (6) 发散.

12.2 常数项级数的审敛法

1. (1) 发散； (2) 收敛； (3) 收敛； (4) 收敛； (5) 发散； (6) 发散； (7) 收敛； (8) 收敛.

2. (1) 收敛； (2) 收敛； (3) 发散； (4) 发散； (5) 收敛； (6) 收敛.

3. (1) 收敛； (2) 收敛； (3) 收敛； (4) 发散.

4. (1) 发散； (2) 收敛； (3) 收敛； (4) 收敛； (5) 收敛； (6) 发散； (7) 收敛； (8)发散.

5. (1) 发散； (2) 收敛； (3) 收敛； (4) 发散.

6. (1) 绝对收敛； (2) 条件收敛； (3) 绝对收敛； (4) 条件收敛； (5)条件收敛； (6) 条件收敛； (7) 发散； (8) 绝对收敛.

12.3 幂级数

1. (1) $(-1,1)$； (2) $x=0$； (3) $(-\infty,+\infty)$； (4) $[4,6)$； (5) $[-1,1]$； (6) $(-5,3]$.

2. (1) $\dfrac{x}{(1-x)^2}$, $-1<x<1$； (2) $\dfrac{1}{2}\ln\dfrac{1+x}{1-x}$, $-1<x<1$； (3) $\ln(1+x)$, $-1<x<1$；

(4) $\dfrac{2x}{(1-x)^3}$, $-1<x<1$.

3. 3.

4. $s(x)=\mathrm{e}^{x^2}(1+2x^2)$, $-\infty<x<+\infty$.

12.4 函数展开成幂级数

1. (1) $\ln 2+\sum\limits_{n=1}^{\infty}(-1)^{n-1}\dfrac{x^n}{n\times 2^n}$, $(-2,2]$； (2) $\sum\limits_{n=0}^{\infty}\dfrac{x^n}{a^{n+1}}$, $(-a,a)$； (3) $\sum\limits_{n=1}^{\infty}\dfrac{n}{2^{n+1}}x^{n-1}$, $(-2,2)$；

(4) $x+\sum\limits_{n=1}^{\infty}(-1)^n\dfrac{2\times(2n)!}{(n!)^2}\left(\dfrac{x}{2}\right)^{2n+1}$, $[-1,1]$.

2. $\dfrac{1}{3}\sum\limits_{n=0}^{\infty}(-1)^n\dfrac{(x-3)^n}{3^n}$, $(0,6)$.

3. $\dfrac{1}{\ln 10}\sum\limits_{n=0}^{\infty}(-1)^{n-1}\dfrac{(x-1)^n}{n}$, $(0,2]$.

4. $\sum\limits_{n=0}^{\infty}\left(\dfrac{1}{2^{n+1}}-\dfrac{1}{3^{n+1}}\right)(x+4)^n$, $(-6,-2)$.

12.5 函数幂级数展开式在近似计算中的应用

1. (1) 1.0986； (2) 1.648； (3) 2.00430； (4) 0.9994.

2. (1) 0.4940； (2) 0.487.

12.6 傅里叶级数

1.
$$f(x)=-\frac{\pi}{4}+\left(\frac{2}{\pi}\cos x+\sin x\right)-\frac{1}{2}\sin 2x+\left(\frac{2}{3^2\pi}\cos 3x+\frac{1}{3}\sin 3x\right)$$
$$-\frac{1}{4}\sin 4x+\left(\frac{2}{5^2\pi}\cos 5x+\frac{1}{3}\sin 3x\right)-\cdots$$
$(-\infty<x<+\infty;\ x\neq\pm\pi,\pm 3\pi,\cdots)$.

2.
$$f(x)=\frac{(a-b)\pi}{4}+\sum_{n=1}^{\infty}\left\{\frac{[1-(-1)^n](b-a)}{n^2\pi}\cos nx+\frac{(-1)^{n-1}(a+b)}{n}\sin nx\right\}$$
$(x\neq(2k+1)\pi,\ k=0,\pm 1,\pm 2,\cdots)$.

3. $f(x)=\dfrac{4}{\pi}\left[\dfrac{1}{2}+\sum\limits_{n=1}^{\infty}\dfrac{(-1)^n}{1-4n^2}\cos nx\right]$, $x\in(-\infty,\infty)$.

4. $f(x)=\dfrac{18\sqrt{3}}{\pi}\sum\limits_{n=1}^{\infty}(-1)^{n-1}\dfrac{n}{9n^2-1}\sin nx,\ x\in(-\pi,\pi).$

12.7　正弦级数和余弦级数

1. $\dfrac{\pi-x}{2}=\sum\limits_{n=1}^{\infty}\dfrac{1}{n}\sin nx,\ x\in(0,\pi].$

2. $2x^2=\dfrac{4}{\pi}\sum\limits_{n=1}^{\infty}\left[-\dfrac{2}{n^3}+(-1)^n\left(\dfrac{2}{n^3}-\dfrac{\pi^2}{n}\right)\right]\sin nx, x\in[0,\pi).$

$2x^2=\dfrac{2}{3}\pi^2+8\sum\limits_{n=1}^{\infty}\dfrac{(-1)^n}{n^2}\cos nx,\ x\in[0,\pi].$

3. $f(x)=\dfrac{h}{\pi}+\dfrac{2}{\pi}\sum\limits_{n=1}^{\infty}\dfrac{\sin nh}{n}\cos nx, x\in[0,\pi].$

4. $f(x)=\dfrac{4}{\pi^2}\sum\limits_{n=1}^{\infty}\dfrac{1}{n^2}\sin\dfrac{n\pi}{2}\sin n\pi x,\ x\in[0,1].$

总习题 12

一、1. $\dfrac{2^n}{n(n+1)}$.　　2. $(-2,4)$.　　3. $R=\sqrt{3}$.　　4. $(0,4)$.　　5. $\dfrac{2}{2-\ln 3}$.

6. 4.　　7. $\dfrac{2}{3}\pi$.　　8. $\dfrac{1}{4}$.

二、1. (C).　　2. (B).　　3. (D).　　4. (C).　　5. (C).　　6. (C).

7. (C).　　8. (D).　　9. (D).　　10. (B).

三、1. 发散.　　2. 发散.　　3. 收敛.　　4. 收敛.　　5. 发散.

6. $a<1$ 时收敛. $a>1$ 时发散，$a=1$ 时，$s>1$ 收敛，$s\leqslant 1$ 发散.

四、1. $p>1$ 时绝对收敛. $0<p\leqslant 1$ 时条件收敛，$p\leqslant 0$ 时发散.

2. 条件收敛.　　3. 绝对收敛.　　4. 绝对收敛.　　5. 绝对收敛.　　6. 绝对收敛.

五、1. $[-2,2)$.　　2. $x=2$.　　3. $(-\infty,+\infty)$.　　4. $[-\sqrt{2},\sqrt{2}]$.　　5. $\left(-\dfrac{1}{2},\dfrac{1}{2}\right)$.　　6. $[-2,0]$.

六、1. $s(x)=\begin{cases}1, & -1<x<1,\\ 0, & x=1.\end{cases}$　　2. $s(x)=\dfrac{1}{(1+x)^2}, -1<x<1.$

3. $s(x)=\dfrac{2+x^2}{(2-x^2)^2},\ -\sqrt{2}<x<\sqrt{2}.$

4. $s(x)=\begin{cases}1+\left(\dfrac{1}{x}-1\right)\ln(1-x), & -1\leqslant x<0, 0<x<1,\\ 0, & x=0,\\ 1, & x=1.\end{cases}$

七、**1**. $\frac{2}{9}$.　　**2**. 12.

八、**1**. $x+\sum_{n=1}^{\infty}(-1)^n\frac{(2n-1)!!}{(2n)!!}\frac{x^{2n+1}}{2n+1}, [-1,1]$.　　**2**. $\frac{\pi}{4}+\sum_{n=0}^{\infty}(-1)^n\frac{x^{2n+1}}{2n+1}, [-1,1)$.

九、$f(x)=\frac{e^{\pi}-1}{2\pi}+\frac{1}{\pi}\sum_{n=1}^{\infty}\left[\frac{(-1)^n e^{\pi}-1}{n^2+1}\cos nx+\frac{n((-1)^{n+1}e^{\pi}+1)}{n^2+1}\sin nx\right]$

$(-\infty<x<+\infty, x\neq n\pi, n=0,\pm1,\pm2,\cdots)$

十、$f(x)=\frac{2}{\pi}+\frac{4}{\pi}\sum_{n=1}^{\infty}(-1)^{n+1}\frac{\cos 2nx}{4n^2-1}, x\in[-\pi,\pi]$, $\sum_{n=1}^{\infty}\frac{1}{(2n-1)(2n+1)}=\frac{1}{2}$.